ZEITSCHRIFT FÜR ANGEWANDTE GEOLOGIE

HERAUSGEGEBEN VON
DER STAATLICHEN GEOLOGISCHEN KOMMISSION
UND DER ZENTRALEN VORRATSKOMMISSION
DER DEUTSCHEN DEMOKRATISCHEN REPUBLIK

AUS DEM INHALT

AKADEMIE-VERLAG · BERLIN

BAND 4 / HEFT 8
AUGUST 1958
SEITE 353–400

INHALT

Die **Zeitschrift für angewandte Geologie** berichtet ständig ausführlich über folgende Arbeitsgebiete: Geologische Grundlagenforschung und Lagerstättenforschung / Methodik der geologischen Erkundung / Ökonomie und Planung der geologischen Erkundung / Technik der geologischen Erkundung / Geologie und Lagerstättenkunde im Ausland / Bibliographie, Verordnungen, Richtlinien, Konferenzen, Personalnachrichten

Die **Zeitschrift für angewandte Geologie** ist kein Organ einer engen Fachgruppe. Auf ihren Seiten können alle strittigen Fragen der praktischen Geologie behandelt werden. Die Autoren übernehmen für ihre Aufsätze die übliche Verantwortung.

Herausgeber: Staatliche Geologische Kommission und Zentrale Vorratskommission für mineralische Rohstoffe der Deutschen Demokratischen Republik. Chefredakteur: Prof. Dr. Erich Lange, Berlin. Redaktion: Berlin N 4, Invalidenstraße 44. Verlag: Akademie-Verlag GmbH, Berlin W 8, Mohrenstraße 39 (Fernsprecher 20 03 86, Postscheckkonto: Berlin 350 21). Bestell- und Verlagsnummer des Heftes: 1047/4/8. Die „Zeitschrift für angewandte Geologie" erscheint monatlich. Bezugspreis 2,– DM je Heft. – Satz und Druck: Druckhaus „Maxim Gorki", Altenburg. Veröffentlicht unter der Lizenznummer ZLN 5008 des Ministeriums für Kultur, Hauptverwaltung Verlagswesen. Karten: MdI. der DDR Nr. 4158, 4222 4244 / K 11. Printed in Germany.

Vorwort

Im Jahre 1939 wurde meine Geologie Afrikas vollendet in einem Umfang von drei Bänden mit insgesamt 1900 Seiten Text und über 450 Abbildungen und Tafeln. Diese „Große" Geologie Afrikas ist vergriffen. Eine neue Auflage in diesem Umfang war zur Zeit nicht möglich.

Das nun vorliegende Werk unter dem Titel „Geologie und Bodenschätze Afrikas" verwendet zwar die in seinem Vorläufer erkannten wissenschaftlichen Grundlagen, wurde aber stark gekürzt, in vielen Abschnitten völlig umgearbeitet, dazu durch neue zusammenfassende Kapitel bereichert, so über die Orogene der Afriziden, die leitenden Lineamente, ferner über die Fiederung des Kontinentes, seinen alten und jungen Magmatismus und dessen Wellenfeld.

Den Bodenschätzen Afrikas wurde ein besonderer Teil des Werkes gewidmet.

Ziel der Darstellung ist durchaus die Schilderung der Struktur Afrikas und seiner geologischen Großregionen. Stratigraphische Daten sind als deren Ergänzung eingefügt und im Rückblick zusammengefaßt.

Bei der Abfassung des Werkes wurden die eignen geologischen Beobachtungen verwendet, die auf ausgedehnten, zum Teil wiederholten Reisen durch Afrika gesammelt wurden, so in Marokko, Algerien und Tunesien, in Ägypten, Eritrea, in Kenya und Uganda bis zum Fuße des Ruwensori, in Tanganjika, in Südafrika und der Kongokolonie, schließlich an der Westküste des Kontinents.

Das in der ersten Auflage erwähnte Spruchwort, von Aristoteles überliefert, „Immer bringt Afrika etwa Neues" (*ἀεὶ φέρει τι Λίβυη καινόν*) gilt gegenwärtig noch viel mehr als bei Vollendung der ersten Auflage. So mußte ein sehr gedrängter Überblick über die geologische Erforschung und über die kaum noch übersehbare Literatur genügen.

Frankfurt, im April 1957.

E. Krenkel

Probeseite →

II. Die Westlichen Telliden

Die Westtelliden führen aus der Provinz Alger in die Provinz Oran. Wichtige Elemente sind im Innern das breit aufgebeulte, jung gehobene Massiv der Ouarsenis, das sich gegen W in die kleineren Baustücke des Mina-, Chougrane-, Tessala-Gebiets und in das „Tafna-Becken" fortsetzt. Im N der Furche des Chélif sind am Mittelmeer zu nennen Dahra und „Küstenmassive" von Oran.

Das Ouarsenis-Massiv. Während im O der Linie Berouaghia-Boghari die Telliden, wie Biban- und Hodna-Berge, OW streichen, tritt im W dieser Linie — über die vermittelnden Matmata-Berge — im Ouarsenis ein Abschwenken gegen SW ein. Dessen Baustoffe sind: Jura, der mit Ausnahme der Hochgipfel nur eine geringe Rolle spielt (er findet sich auch um Orléansville, Oued Fodda-Lamartine, bei Ain Amra). Kreide

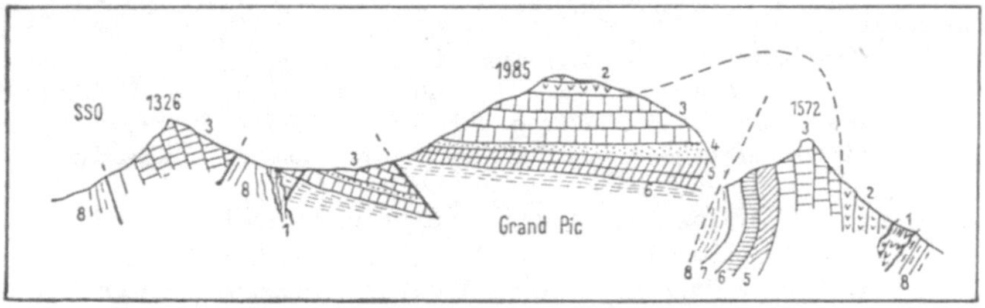

Abb. 6. Pic von Ouarsenis. Gez. nach Calembert.

1 Trias, Ophite. 2 Unterlias. 3 Domerium-Toarcium. 4 Übergangsschichten. 5 Kalke des Bajoc.-Bathonium. 6 rote Ammonitenkalke (Call.-Oxf.). 7 Kimmeridgium-Tithon. 8 Valanginium.

nimmt den größten Teil des zentralen Gebietes ein. Unterkreide ist verbreitet im O um Teniet el Haad und gegen die Matmata-Berge. Mittel- und Oberkreide herrschen im N und W um Ammi Moussa, gegen die Mina-Berge. Alttertiär begleitet den Südrand des Ouarsenis, als Fortsetzung des Titteri über Ued Ouassel-Gebiet gegen Tiaret bis zur NO-streichenden Neogen-Querfurche von Mascara-Relizane. Einzelne Reste erhielten sich im N. Das Neogen konzentriert sich besonders auf die Chélif-Niederung, findet sich aber auch z. B. um Tiaret. Zur Burdigalzeit war das Massiv wohl auf allen Seiten vom Meer umgeben. Marines Pliozän bildete sich nur in der Chélif-Furche. — Trias tritt sporadisch hervor, so bei Letourneux, um Teniet el Haad und im Oued Temelat.

Die Struktur ist nicht voll geklärt. Eine Reihe von Baustücken aus mehreren orogenen Phasen heben sich ab. So ist im O eine Region mit Domstruktur entwickelt. Mehrere Faltungsrichtungen vergittern sich; herrschend ist die NO-Richtung. Eine Querfaltung in NW legt sich über. Die Gipfelregion besteht aus Grand Pic (1985 m), Dj. Bel Khairet und Abd el Kader, die sich mit Jura über eintönigem zerschluchtetem Umland aus Apt-Alb-Kreide-Flysch steil auftürmen. Grand Pic besteht am höchsten Gipfel aus 300 m horizontalem Unterlias, gürtelförmig unterlagert vom übrigen Lias, von Jura bis Tithon und Neokom. Die Unterliasplatte des Grand Pic, hervorgegangen aus einem Sattelkern, wurde beim Durchspießen über die überstürzten jüngeren Schichten geschoben.

Aus dem Inhalt:

I. Teil: Geologie Afrikas

II. Teil: Die Bodenschätze Afrikas

Bestellschein

Von der Buchhandlung ____________________

erbitte ich ________ **Expl. Krenkel, Geologie und Bodenschätze Afrikas**

____________________ Ort und Datum

____

____

____________________ Name und Adresse

H (1) AG 05/0555/57 5000

ZEITSCHRIFT FÜR ANGEWANDTE GEOLOGIE

CHEFREDAKTEUR: PROF. DR. E. LANGE

BAND 4 · AUGUST 1958 · HEFT 8

Hydrogeologische Fragen im Rahmen der Braunkohlenerkundung in Nordwestsachsen[1)]

RUDOLF HOHL, Leipzig

Einleitung

Da beim Aufschluß von Tagebauen in großem Umfang grundwasserführende Schichten angeschnitten werden, die den Abbau der Kohle stören, aber für die Wasserversorgung des dem Abbau verfallenden Gebietes von großer Bedeutung sind, ist es erklärlich, daß der mit der Erkundung und anderen geologischen Arbeiten im Verbreitungsgebiet der Braunkohle beschäftigte Geologe hydrogeologischen Problemen seine besondere Aufmerksamkeit schenken muß.

Grundwasser kommt *im Bereich des Weißelster-Beckens* (G. MEYER 1951) in folgenden Horizonten (Abb. 1) vor:

1. *in der Decke und in den Zwischenmitteln,*
2. *in den Braunkohlenflözen und*
3. *im Liegenden des tiefsten Flözes,* wobei sowohl an das Wasser in den unterlagernden Lockermassen des Tertiärs als auch in den noch tieferen Zonen, d. h. im festen Gebirge, gedacht wird.

Grundwasser behindert den Bergbau schon beim Aufschluß und noch mehr bei der späteren Gewinnung der Braunkohle. Werden nicht umfangreiche Entwässerungsmaßnahmen durchgeführt, können größere Wassereinbrüche und insbesondere Liegendwasserdurchbrüche einen Tagebau unter Umständen zum Erliegen bringen. Da vielfach neben gröberen Schichten auch mächtigere feine Lagen von Schwimmsandcharakter auftreten, kommt es auch zu Fließungen und in Zusammenhang damit zu Nachbrüchen und Rutschungen der Decke.

Neben der besonderen Bedeutung des Wassers für den Bergbau selbst steht die Frage der Wasserversorgung von Industrie und Gemeinden, die besonders dann wichtig wird, wenn der Bergbau alle höheren Wasserspiegel bis zur Tagebausohle abgesenkt hat: ist doch ein Tagebau nichts anderes als ein riesiger Sammelbrunnen.

So spielen Schadenfälle und Fragen des Wasserentzuges in Braunkohlengebieten immer eine besondere Rolle. Oft ist es nicht einfach, eine richtige Entscheidung zu treffen, da die Unterlagen dürftig sind oder zum Teil überhaupt fehlen. Nicht immer ist der Bergbau an der Absenkung des Grundwasserspiegels schuld. Oft handelt es sich um ein langperiodisches natürliches Absinken aus anderen, vor allem klimatischen Ursachen. Aufgabe des Geologen muß es sein, richtig zu urteilen und klar zu entscheiden, wie weit der Einfluß des Bergbaues geht, was auf künstlichen und was auf natürlichen Ursachen beruht.

Eine hohe Bedeutung kommt im Rahmen der Braunkohlenindustrie außerdem der Versenkung von Industrieabwässern in tiefere, aufnahmefähige Schichten des Untergrundes zu. Dabei wird insbesondere an die Phenolwasserversenkung in die klüftigen Lagen des Plattendolomits des Oberen Zechsteins gedacht, wie sie z. B. seit 1944 unweit Zeitz vom VEB Braunkohlenwerk Profen vorgenommen worden ist. Im alten sächsischen

1) Nach einem am 13. 9. 1957 im Wissenschaftl.-Techn. Kabinett der Staatlichen Geologischen Kommission in Berlin gehaltenen Referat (gekürzt).

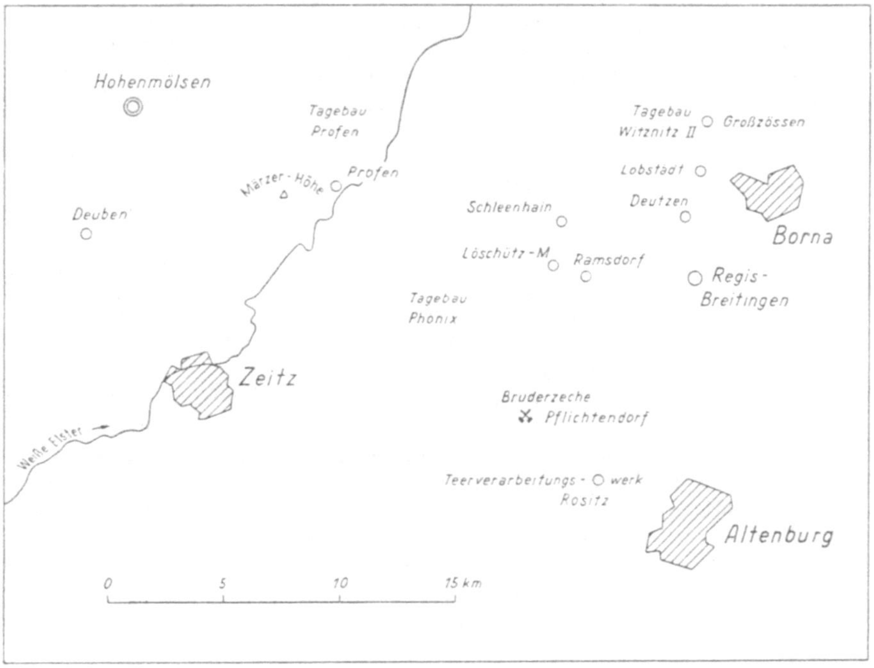

Abb. 1. Übersichtskarte des Erkundungsgebietes

Gebiet haben der Geologische Dienst bzw. seine Vorgänger immer und mit Erfolg solche Vorschläge abgelehnt.

Die Bedeutung einer genauen hydrogeologischen Aufnahme

Es kann nicht genug betont werden, daß es Aufgabe jedes Bohrmeisters ist, nicht nur dem erbohrten Material, sondern auch den Wasserständen genaueste Beachtung zu schenken. Nach Möglichkeit müssen *alle wasserführenden Schichten erfaßt* und darüber hinaus Beobachtungen angestellt werden, wie sich das Wasser in den tieferen, Druckwasser führenden Grundwasserstockwerken verhält, um Unterlagen über die Größe der Spannung und der Verbindung einzelner Grundwasserleiter zu erhalten. Im allgemeinen wird es leicht sein, das oberste Stockwerk mit freiem Grundwasser sicher zu erkennen. Bei tieferen ist das bei Schappebohrungen, wie sie bei der Braunkohlenerkundung üblich sind, schon schwieriger. Es kommt darauf an festzustellen, ob sich der Wasserspiegel beim Anschneiden einer neuen Sand- und Kiesschicht verändert, ob das Wasser, wie der Bohrmeister sagt, ,,abgeht" oder ob es ,,ansteigt". Liegt eine nur wenig oder gar kein Wasser enthaltende, aber durchlässige Schicht vor, die wasseraufnahmefähig ist, wird ein Absinken des vorher gemessenen Grundwasserstandes zu verzeichnen sein. Steigt der Wasserspiegel aber an, ist eine gespanntes Grundwasser führende Schicht angeschnitten worden. Die Höhenlage des Druckspiegels muß, ebenso wie alle übrigen Beobachtungen bei Bohrungen, notiert werden, weil daraus wichtige Schlüsse für den Aufschluß gezogen werden können. Bei den Bohrarbeiten ist meist leicht festzustellen, ob Sandschichten Wasser führen oder nicht. Die mehr oder weniger lockere oder festere Lagerung gibt einem erfahrenen Bohrmeister die Möglichkeit, dem Geologen brauchbare Angaben zu machen.

Ebenso wichtig wie die Aufnahme der Wasserstände ist eine *genaue Begutachtung der Korngröße des Materials.* Gerade auf diesem Gebiet sind infolge der bei den Bohrmeistern unterschiedlichen Bezeichnungen in früherer Zeit viele Fehler gemacht und die Schichtenverzeichnisse oft falsch ausgewertet worden. Es kann daher nicht genug betont werden, daß die Aufnahme der Bohrproben keinesfalls dem Bohrmeister allein überlassen werden kann, sondern von einem Geologen oder geologisch geschulten Bearbeiter vorgenommen werden muß. Da die wasserführenden Schichten, insbesondere die im Liegenden des tiefsten Flözes, in Bergbaugebieten für die Wasserversorgung von Industrie und Gemeinden eine besondere Rolle spielen, ist eine einwandfreie Begutachtung grundlegend. Gleiches gilt auch für das Gebiet des Ausgehenden der Kohle oder das jenseits ihrer Verbreitung. Verfasser erinnert sich eines Falles, in dem ein Bergmann, der jahrzehntelang in der Braunkohle gearbeitet hatte, auf Grund von Bohrmeisterangaben Schichtenverzeichnisse ausgewertet und größere Wasservorkommen im Tertiär, im Liegenden pleistozäner Flußschotter, vorausgesagt hatte. Aus paläogeographischen Gründen schien es nicht möglich, daß in dem betreffenden Raum gröbere wasserführende Sande im Liegenden des Pleistozäns in größerer Mächtigkeit vorkamen. Verf. warnte daher, ohne Versuchsbohrungen zu hohe Wassermengen im Tertiär zu erwarten und darauf schon weitere Maßnahmen zu gründen. Die Erfahrung hat Verf. recht gegeben. Bei den Bohrungen wurden vielfach nur tonige Feinsande angeschnitten, die in früheren Zeiten von den Bohrmeistern als ,,scharfe Sande" bezeichnet worden waren, weil beim Ventilen dieser Schichten feine Tonsubstanz ausgespült war und nur Sand als Bohrgut zurückblieb. Da die Körnungsbezeichnungen niemals einheitlich gehandhabt wurden, waren ausgesprochene Feinsande zu ,,scharfen Mittelsanden" und ähnlichem Material geworden. Es ist deshalb unter allen Umständen notwendig, bei der Einordnung des Bohrgutes in Kornfraktionen die vorhandenen DIN-Normen zu beachten. Da DIN 1179 veraltet ist und dem Vernehmen nach nicht wieder aufgelegt werden soll, sind zweckmäßig die Körnungsbezeichnungen der DIN 4022 bzw. 4023 zu verwenden, auch wenn diese zunächst für Baugrund- und Wasserbohrungen gedacht sind. Die zusätzliche Angabe von Vergleichsgrößen, z. B. etwa ,,Grobgrießgröße" usw., ermöglicht eine brauchbare Beurteilung des Bohrgutes, auch wenn keine Siebanalysen angefertigt werden. Gibt man den Bohrmeistern und vor allem auch den geologischen Sachbearbeitern Glasröhrchen mit genormten Körnungen oder das Kästchen ,,Korngrößeneinteilung der Staatlichen Geologischen Kommission" in die Hand, darf angenommen werden, daß in Zukunft das Bohrgut richtig und einheitlich bezeichnet wird. Es war früher auch für den kartierenden Geologen im Flachland selbstverständlich, zur Beurteilung des Materials bei seinen 2 m-Sondierungen mit der Peilstange zum Vergleich Glasröhrchen mit einzelnen Sandkörnungen bei sich zu führen.

In dem Kästchen ,,Korngrößeneinteilung der Staatlichen Geologischen Kommission" sind folgende neun Körnungen vorhanden:

1. Schluff — 0,06 mm
2. Feinsand — 0,2 mm
3. Mittelsand — 0,63 mm
4. Grobsand — 2,0 mm
5. Feinkies — 6,3 mm
6. 50% Schluff und 50% Feinsand
7. 50% Feinsand und 50% Mittelsand
8. 50% Mittelsand und 50% Grobsand
9. 50% Grobsand und 50% Feinkies

Für Mittelkies (— 20 mm), Grobkies (— 63 mm) und Steine (über 63 mm) fehlen natürlich Beispiele, sind aber auch unnötig, weil hier in den Bezeichnungen kaum Fehler gemacht werden.

Freilich sind damit noch nicht die alten Schichtenverzeichnisse richtiggestellt. Es wird immer schwierig bleiben, Bohrtabellen von verschiedenen Bohrmeistern aus ganz verschiedenen Jahren und Jahrzehnten einwandfrei zu deuten. Hier können Aufnahmen in den Tagebauen, persönliche Erfahrungen und geologische Überlegungen weiterführen, ohne daß es in jedem Falle möglich sein wird, eine richtige Entscheidung zu treffen.

Fragen der Wasserversorgung

a) ,,Liegendwässer" (Abb. 2)

Bekanntlich sind im südlichen Teil des Weißelster-Beckens mächtige wasserführende Sand- und Kiesschichten im Liegenden des tiefsten Flözes (Unterflöz) teilweise weit verbreitet. Die bekannte ,,Pflichtendorfer Rinne" im Raum Altenburg setzt sich wahrscheinlich in nördlicher Richtung in die Löschütz-Rinne beim Tagebau Schleenhain fort. Eine andere derartige Rinne ist zum Beispiel die Phönix-Rinne zwischen Mumsdorf und Falkenhain, nördlich von Meuselwitz. Die hier vorhandenen Kiese und Kiessande im Liegenden des

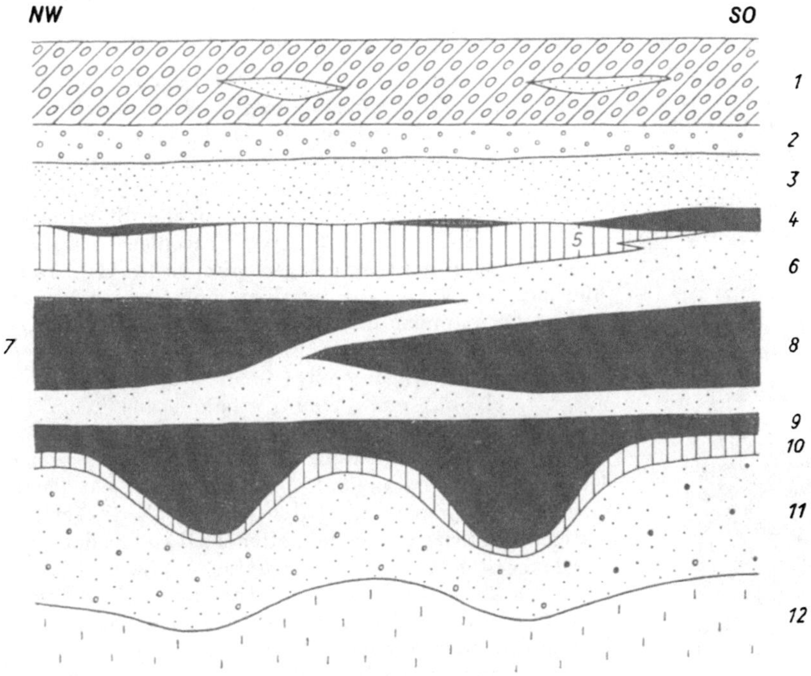

Abb. 2. Schematischer Schnitt von Südwesten nach Nordosten durch den südlichen Teil des Weißelster-Beckens, etwa im Raum Tagebau Phönix—Tagebau Schleenhain, mit den wasserführenden Sanden und Kiesen im Liegenden des Unterflözes („Liegendwässer")

Pleistozän: 1 — Geschiebelehm und -mergel des Riß- und Mindelglazials mit Sandeinlagerungen (10—15 m). 2 — Altpleistozäne Flußschotter (2 bis 4 m).

Mitteloligozän: 3 — Toniger Feinsand (8—10 m).

Obereozän: 4 — Reste des Oberflözes (1—4 m). 5 — „Haselbacher Ton" (6—8 m). 6 — Flußsand, mittel und grob (Mächtigkeit wechselnd). 7 — Hauptflöz (oberer Teil, „Thüringisches Hauptflöz" nach G. MEYER, Flöz III, (12—15 m). 8 — Hauptflöz (unterer Teil, „Bornaer Haupflöz" nach G. MEYER, Flöz II, 12—14 m). 9 — Unterflöz (Flöz I, 3—4 m, in einzelnen Kesseln bis auf 15—30 zum Teil auch 40 m und mehr ansteigend). 10— Ton (2—6, meist 2—4 m). 11 — Sande und Kiese („Liegendkiese", 10—20 m, zum Teil über 30 m). 12 — Kaolinton.

Unterflözes erreichen oft 10 bis über 20 m, zum Teil sogar noch größere Mächtigkeiten und werden vom Unterflöz durch eine meist mehrere Meter mächtige Tonlage getrennt. Größere Wassermengen sind besonders in diesen mit groben Kiesen und Sanden erfüllten Spezialrinnen, aber auch in lokal ausgebildeten Kesseln im Liegenden der Braunkohle zu erwarten. In diesen wasserführenden Schichten stehen viele Brunnen für die Wasserversorgung von Industrie und Gemeinden, die zum Teil erhebliche Wassermengen fördern. So nutzen z. B. die Brunnen des VEB Teerverarbeitungswerk Rositz diese wasserführenden Schichten im Raum von Ramsdorf, während die Stadt Altenburg u. a. die Wasserführung der Bruderzeche in der Pflichtendorfer Rinne verwendet. Das Verbandswasserwerk Regis erschrotet Wasser aus diesen Lagen im Bereich eines verkippten Tagebaues in Regis-Breitingen.

Wie zahlreiche Untersuchungen ergeben haben, ist die Wasserführung dieser tiefen Grundwasserspeicherstätte örtlich sehr unterschiedlich und im einzelnen von der lokalen Ausbildung des Grundwasserleiters, aber auch von der jweiligen Lage des Brunnens, ob inmitten oder am Rand größerer Rinnen oder Kessel, abhängig. So schwankt z. B. die Wasserspende der Ramsdorfer Tiefbrunnen auf engem Raum zwischen rund 10 m^3/h und rund 60 m^3/h. Das Brunnenergiebigkeitsmaß wurde zwischen 0,33 und 2,2 l/s/m festgestellt. Bei Untersuchungsarbeiten hat sich gezeigt, daß unmittelbar neben mächtigen, recht groben und reichlich Wasser führenden, scharfen Sanden und Kiesen tonig-sandige Lagen vorkommen, die nur wenig Wasser abgeben. An anderen Stellen sind die Sande und Kiese verbacken und verkrustet. Sie sind daher mehr oder weniger wasserundurchlässig geworden, eine Beobachtung, die in Nordwestsachsen vielfach auch in pleistozänen Schotterterrassen gemacht wurde.

Aus dieser Darlegung geht hervor, wie wichtig eine genaue Aufnahme der Schichten besonders im Liegenden des tiefsten Flözes bzw. eine spezielle Untersuchung ihrer Wasserführung in jedem Einzelfall ist.

Der Chemismus der Grundwässer dieses tiefen Grundwasserstockwerkes unterscheidet sich ebenfalls in den einzelnen Gebieten sehr wesentlich. Bei starker Beanspruchung sind teilweise erhebliche Veränderungen festgestellt worden. Besonders unangenehm ist eine vielfach zu beobachtende Zunahme der permanenten Härte, die auf Überbeanspruchung hinweist. Die Sulfathärte wird dann größer, wenn Wässer aus den unterlagernden klüftigen Schichten des Zechsteins nachgezogen werden, die gipshaltig sind, während dort, wo darüber noch mächtigerer Buntsandstein vorhanden ist, die Verhärtungsgefahr gering ist. So weist die chemische Beschaffenheit dieser Wässer oft schon auf Art und Ausbildung des tieferen Untergrundes unter den tertiären Lockermassen hin, auch wenn dieser nicht angebohrt wurde.

b) Grundwässer des alten Gebirges

Wo gröbere, wasserführende Sand- und Kiesschichten im Liegenden des tiefsten Flözes fehlen, ist zu erkunden, ob das alte Gebirge Grundwasser enthält. Dabei kommen, wie bereits gesagt, die Schichten des Zechsteins zunächst deshalb nicht in Betracht, weil sie zu hartes Wasser liefern. Ob es freilich bei dem immer wieder steigenden Wasserbedarf nicht in Kürze notwendig sein wird, auch solche Wässer zu nutzen und entsprechend aufzubereiten, sei dahingestellt. Zunächst wird man aber Wert darauf legen, besonders die in den Schichten des Buntsandsteins zirkulierenden, günstigeren Wässer zu erschroten. Die Vorstellungen über den Bau des Untergrundes im Weißelster-Becken (ENGERT 1957) geben die Möglichkeit, im großen und ganzen einigermaßen sichere Voraussagen zu machen. Eine Reihe tieferer Bohrungen, die aus geologischen Gründen oder zum Zwecke der Wassererschließung niedergebracht wurde, ergänzt das Bild. Bekannt sind die beiden knapp 100 m tiefen artesischen Brunnen von Großzössen und Lobstädt bei Borna (Abb. 3), die weiches Wasser aus den Buntsandsteinschichten erschroten haben. Leider versanden diese Brunnen sehr leicht, weil zum großen Teil sehr feines Sandmaterial vorliegt. So lieferte der Brunnen im Garten der Großzössener Schule zunächst 19 l/s Wasser, das als ein mehrere Meter hoher Springquell zutage trat. In wenigen Monaten war die Wasserspende bis auf 0,33 l/s zurückgegangen (C. GÄBERT 1904, S. 261). In einer aus geologischen Gründen bei Borna gestoßenen Pionierbohrung von rund 600 m Tiefe wurde auf Veranlassung des Verfassers mit Hilfe der Wasserwirtschaft vor der endgültigen Verfüllung ein

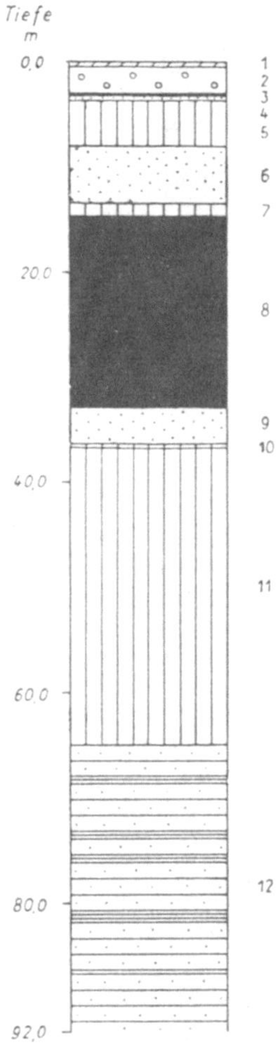

Abb. 3. Profil des artesischen Brunnens von Lobstädt, Kreis Borna, umgedeutet nach C. GÄBERT

Pleistozän: 1 – Kiesiger Lößlehm. 2 – Mittelpleistozäne Flußschotter.

Obereozän:
3 – Oberflöz
4 – Feiner Sand, weißlich
5 – Ton, grau
6 – Sand, grau, mittel } „Haselbacher Ton"
7 – Ton, grau
8 – Hauptflöz („Bornaer Hauptflöz")
9 – Sand, bräunlich, fein, fest gelagert
10 – Ton mit Schwefelkieskonkretionen 11 – Ton und Kaolinton, weißlich, meist fett

Unterer Buntsandstein: 12 – Sandsteine, bis 3 m mächtige Bänke und Lagen, in Wechsellagerung mit dünnen Schichten von bunten Letten.

Dauerpumpversuch in den über 60 m mächtigen Schichten des Unteren Buntsandsteins (bunte Letten mit zwischengeschalteten Sandsteinbänken) durchgeführt, der unter einer 50 m mächtigen pleistozänen und tertiären Decke erbohrt wurde. Dieses Wasser hatte sehr wenig Eisen (unfiltriert knapp 1 mg/l, filtriert 0,2–0,5 mg/l) und war bezüglich Härte mit 7° DH außerordentlich günstig. Dabei handelt es sich fast ausnahmslos um Karbonathärte. Auch der Wert für die aggressive Kohlensäure war mit 10–12 mg gering. Das Ergebnis des Pumpversuches, bei dem bei einer Absenkung des Ruhewasserspiegels um rund 10 m knapp 12 l/s Wasser gefördert wurden, hat insofern eine ganz besondere Bedeutung erhalten, als mit dem Neuaufschluß des Tagebaues Borna-Ost die in tertiären Sanden stehenden Brunnen der Stadt Borna vernichtet werden. Es wird dadurch notwendig, das benötigte Wasser aus dem tieferen Buntsandstein zu erschroten. Auf Grund des Ergebnisses der Pionierbohrung und des durchgeführten Dauerpumpversuches ist zur Zeit bereits eine neue Wasserbohrung angesetzt worden.

c) Wasser aus auflässigen Tiefbauen

In wasserarmen Gebieten kommt mitunter der Gedanke auf, die Wasserführung aufgelassener, alter Braunkohlentiefbaue zu nutzen. So wurde in einem alten Wasserhaltungsschacht im Bornaer Revier seitens der Wasserwirtschaft ein Dauerpumpversuch angesetzt und das Wasser chemisch untersucht. Hohe Sulfathärte (19,5° DH), Eisenreichtum, aggressive Kohlensäure usw., wiesen unter Beachtung des geologischen Profils darauf hin, daß das Wasser aus dem hier rund 6 m mächtigen Kohlenflöz stammen mußte, da wasserführende Schichten in der Decke nicht vorhanden waren. Weil der Pumpversuch mengenmäßig außerordentlich günstig ausging, glaubte man, eine Entnahme bis 700 m³/h einplanen und die Wasserversorgung der umliegenden Gemeinden sicherstellen zu können. Hydrogeologische Überlegungen ergaben, daß auf die Dauer nicht mehr Grundwasser gewonnen werden konnte, als die seinerzeitige Wasserhaltung in dem alten Tiefbau aus der Zeit vor dem ersten Weltkrieg erbracht hatte. Wie die Durchsicht von Bergamtsakten ergab, war nur ein Zufluß von 120 m³/h (rund 33 l/s) vorhanden gewesen. Die zusätzlich erschrotene Menge entsprach nicht dem Zufluß, sondern stammte aus den wassererfüllten alten Strecken und wäre in kurzer Zeit abzupumpen gewesen. Da angenommen werden muß, daß die unter Wasser stehenden Strecken teilweise nicht mehr in Ordnung bzw. die Stöße verschmiert sind, ist es wahrscheinlich, daß selbst ein Zufluß von 120 m³/h nicht auf die Dauer erhalten werden kann. Hier konnte der Geologe auf Grund seiner Erfahrungen vor übertriebenen Hoffnungen warnen.

Liegendwasserdurchbrüche

Die mächtigen wasserführenden Sande und Kiese im Liegenden des Unterflözes des Weißelster-Beckens bringen es gelegentlich mit sich, daß Durchbrüche von Liegendwässern auftreten. Im allgemeinen lagert zwischen der Kohle und den Sanden und Kiesen ein abdichtendes, 2–6 m mächtiges Tonflöz. Wenn dieses fetter ausgebildet und genügend mächtig ist, bestehen im allgemeinen keine Schwierigkeiten. Dort aber, wo dieses Tonmittel eine geringere Stärke aufweist oder gelegentlich sandige Einlagerungen enthält bzw. sandig-schluffig ausgebildet ist, wird es beim Abbau oder dem Bau von Entwässerungsstrecken trotz aller Vorsichtsmaßnahmen gelegentlich zu Liegendwasserdurchbrüchen kommen.

Insbesondere haben zwei Liegendwasserdurchbrüche in den 50er Jahren erhebliche Schwierigkeiten gemacht. Es handelt sich dabei einmal um einen *Liegendwasserdurchbruch im Tagebau Witznitz II* und zum anderen um einen im *Tagebau Profen.*

Im *Tagebau Witznitz II* erfolgte am 18. 11. 1953 in einer 14–15 m tiefen Liegendmulde auf einer Fläche von etwa 300 m² ein erheblicher Wasseraustritt. Im einzelnen wurden zunächst 25 Austritte auf neu aufgerissenen, ein- bis zweifingerbreiten Klüften festgestellt. Später war nur noch ein großer „Quellenaustritt" zu sehen. Die austretende Menge wurde auf 10–12 m³/min, d. h. auf rund 160–200 l/s geschätzt. An einem einzigen Tag sollen rund 15000 m³ Wasser ausgelaufen sein. Das austretende Wasser hatte eine grauweiße Farbe und war mit Sand und tonigem Sand durchsetzt, wobei von vornherein feststand, daß dieses feine Material keinesfalls die Speicherstätte sein konnte. Die Temperatur des

Wassers betrug 14,5°C und ließ dadurch erkennen, daß es sich entweder um schnell versickertes Oberflächenwasser, oder, was wahrscheinlicher war, um Grundwasser aus größerer Tiefe handeln mußte, da im allgemeinen die aus den pleistozänen und tertiären Schichten zu erschrotenden Grundwässer Temperaturen um rund +10°C aufweisen.

Daß das Wasser nicht aus alten Tagebauen stammte, wurde durch chemische Analysen festgestellt. Es wies keinen größeren Sulfatgehalt auf, was in diesem Falle deshalb zu erwarten gewesen wäre, weil in die alten Tagebaue Asche eingespült worden ist. Das Wasser stimmte aber sehr gut überein mit dem Grundwasser, das 1500 m vom Tagebau entfernt aus einem Tiefbrunnen gepumpt wurde, der in Schichten unter dem Tertiär, d. h. im Unteren Buntsandstein steht. Beide Wässer zeigten eine höhere Karbonathärte, während also in der Sulfathärte das Gegenteil festzustellen war. Die Tagebaufelder in der Umgebung ließen dagegen vergleichsweise einen doppelt und dreifach so hohen Sulfatgehalt erkennen, was auf Ascheeinspülung zurückzuführen ist. Bei dem Durchbruchwasser handelt es sich höchstwahrscheinlich um Kluftwasser aus Störungen, die sich auch noch während des Tertiärs bemerkbar gemacht haben, da im dortigen Gebiet eine stärkere Absenkung der Flöze zu beobachten ist und gelegentlich Braunkohle unmittelbar neben Ton auftritt. Vielleicht ist diese Störung sogar noch im Pleistozän lebendig gewesen.

Bei der Befahrung war festzustellen, daß Störungen in ONO—WSW- und OSO—WNW-Richtung vorhanden waren, wobei die Wasserführung wahrscheinlich an die ONO—WSW-Störungen oder an die Kreuzungspunkte der Störungslinien gebunden war.

Da der tiefste, 1—2 m mächtige Teil des Hauptflözes besonders fest und kompakt ist, muß er durch kleine Sprengungen aufgelockert werden. Im Zusammenhang mit der Entwässerung durch den Abbau dürften diese Sprengungen trotz der geringen Ladungen zum Aufreißen von Klüften und Spalten beigetragen haben.

Wie die Erfahrung an den bekannten *artesischen Brunnen von Großzössen und Lobstädt* gelehrt hat, tritt bei Brunnenanlagen im feinkörnigen Buntsandstein im Laufe der Zeit Versandung ein. Es konnte also vorausgesagt werden, daß im Laufe der Zeit zumindest mit einem Nachlassen, wahrscheinlich mit einem völligen Versiegen der Wasseraustritte zu rechnen wäre, wenn auch ein breiter Spaltenaustritt nicht ohne weiteres mit einem Bohrbrunnen gleichzusetzen ist.

Technisch bereitete der Wasserzufluß insofern Schwierigkeiten, als beim weiteren Fortschreiten des Abbaues das Gebiet der Wasseraustritte verkippt werden mußte, und daher die Gefahr erheblicher Rutschungen bestand. Eine Schließung der Wasseraustritte durch Zementinjektion unter Druck war nicht durchführbar und wurde wegen der Gewalt des austretenden Wassers von Vertretern des VEB Schachtbau, Verfestigungen und Abdichtungen der Staatlichen Geologischen Kommission abgelehnt. Beim Ausbau eines Brunnens und Abpumpen des zufließenden Wassers war es wahrscheinlich, daß an anderer Stelle erneut wasserführende Spalten aufrissen, zumal da man das Muldentiefste noch nicht erreicht hatte. Bei Schließung des Wasserzuflusses an einer höheren Stelle war mit einem neuen Austritt im tieferen Teil der Kohlenmulde zu rechnen. Man hat sich zweckmäßig damit geholfen, das Wasser im ganzen zu fassen und in einer Rohrleitung mit dem Fortschreiten des Tagebaues in Richtung zum Muldentiefsten mitzuführen, um es mit Hilfe von Pumpen aus dem Tagebau zu entfernen.

Im Frühjahr 1955 ereignete sich im *Südfeld des Tagebaues Profen* ebenfalls ein Liegendwasserdurchbruch, der mit einer Wassermenge von rund 25 m^3/min, d. h. über 400 l/s, etwa doppelt so groß war wie der im Tagebau Witznitz II, ohne daß mit geoelektrischen Methoden bzw. Färbe- oder Salzungsversuchen die Herkunft der Wässer zu ermitteln gewesen wäre.

Dieser Liegendwasserdurchbruch kam auf Grund der Lagerungsverhältnisse im Raum Profen nicht ganz unerwartet und war schon immer befürchtet worden. Im „Profener Kessel" ist das Unterflöz örtlich verdickt und schwillt teilweise auf rund 50 m Mächtigkeit an. Diese eigenartige Lagerung hängt mit Auslaugungserscheinungen des tieferen Untergrundes während der Flözbildung zusammen. Neben den „Kesseln", die nur eine Verdickung und Absenkung des Unterflözes mit sich bringen, wurden von G. MEYER (1951) sogenannte „Löcher" unterschieden, bei denen die Absenkung auch das Hauptflöz und dessen Hangendschichten betroffen hat, also bedeutend längere Zeit wirksam war.

Im Liegenden des Unterflözes folgt im allgemeinen ein 4—5 m mächtiger Ton, unter dem mächtigere wasserführende Sand- und Kiesschichten lagern (Liegendkiese). Diese werden im Südteil des Weißelster-Beckens für Zwecke der Wasserversorgung vielfach genutzt (S. 354). Darunter lagert der Plattendolomit des Zechsteins bzw. Riffdolomit. Daß der Abbau in derartigen Kesseln und Löchern, besonders in deren Randgebieten, schwierig und ständig die Gefahr eines Wasserdurchbruches vorhanden ist, leuchtet ein.

Im Südfeld des Profener Tagebaues befinden sich nun zwei derartige „Löcher", das nach der Märzer Höhe auf dem Meßtischblatt Pegau Nr. 4839 bezeichnete westliche und östliche „Märzer Loch". Im östlichen Märzer Loch wurde in die Nähe des Randes eine Entwässerungsstrecke nahe dem Liegenden getrieben. Hier war der Ton etwas weniger mächtig, und an der Ostflanke kam es zu dem erwähnten Durchbruch der Liegendwässer.

Naturgemäß können derartige Durchbrüche auch dort erfolgen, wo gegebenenfalls alte Bohrlöcher im Bereich des Flözes und seiner Unterlage nicht sorgfältig verfüllt wurden. So ergibt sich die Forderung, ganz besonders darauf zu achten, daß die *Verfüllung von Bohrlöchern in der vorgeschriebenen Weise* erfolgt und nicht einfach die ausgebrachten Lockermassen wahllos in das Bohrloch geworfen werden. Dabei kann es durchaus möglich sein, daß gerade im Bereich von abdichtenden Schichten durchlässiges Material, also Sande und Kiese, eingefüllt werden, die beim Anschnitt im Tagebau katastrophale Wirkungen haben können.

Durch Schnitte, die insbesondere auf Auswertung von Bohrlöchern durch Dipl.-Ing. G. MEYER vom PKB „Kohle", Außenstelle Mitteldeutschland, beruhen, ließ sich zeigen, daß in der Elsteraue in Richtung auf Zeitz die Braunkohle ausgeht und hier die jungen Auekiese der Elster unmittelbar von den tertiären „Liegendkiesen" unterlagert werden. Teilweise finden sich auch noch pleistozäne Schotter dazwischen, d. h., daß holozäne, pleistozäne und tertiäre Sande und Kiese unmittelbar miteinander verbunden sind und sich somit eine einzige große und einheitliche Grundwasserspeicherstätte ausbildet. Weiter nördlich, im Feld Profen, wird dieser einheitliche Grundwasserleiter durch Flöze und undurchlässige Tonmittel aufgespalten. Es ist verständlich, daß die Auffüllung dieser Sande und Kiese zum großen Teil unmittelbar durch die Elster erfolgt und sich dadurch riesige Wassermengen ergeben. Daß das austretende Wasser auch hier erhebliche Trübung aufwies, hängt damit zusammen, daß das unter großem Druck hervorsprudelnde Wasser feinstes Sand- und Kiesmaterial aus der Umgebung mitgerissen hat.

Gerade dieser Liegendwasserdurchbruch zeigt, wie wichtig es ist, die Schichtenausbildung auch im kleinen, d. h. bei jeder einzelnen Bohrung, genauestens zu erfassen und auszuwerten. Eine Entspannung der Liegendwässer sollte nicht durch Auffahren von Entwässerungsstrecken erreicht werden, sondern dadurch, daß am Tagebaurand und auf der Tagebausohle eine Reihe von Tiefbrunnen abgeteuft wird, aus denen man das Wasser herauspumpt. Dabei sollte man sich in ähnlich gelagerten Fällen immer von dem Gedanken leiten lassen, dieses Wasser auch wirtschaftlich nutzbar zu machen und nicht in irgendeinen Vorfluter zu pumpen. Bei der Abgabe in einen Vorfluter muß genauestens überlegt werden, ob man dadurch nicht nur einen neuen Kreislauf des Wassers im Sinne Flußwasser—Grundwasser hervorruft. Dies bedeutet, daß nicht nur die hydrogeologische Situation des Tagebaufeldes, sondern auch die der weiteren Umgebung völlig geklärt sein muß, ehe man an den Abbau geht.

Wasserentzug

Vielfach tritt in Braunkohlegebieten an den Geologen die Aufgabe heran, sich in Streitfällen zwischen Gemeinden, Industriewerken, Siedlerverbänden usw. mit Werken der Braunkohlenindustrie über einen Wasserentzug zu äußern. Oft wird behauptet, daß die betreffenden Werke durch Tagebaue oder größere Brunnenanlagen die Grundwasserverhältnisse der Umgebung beeinflussen. Es ist dann immer notwendig, sich von beiden Parteien bestätigen zu lassen, daß sie mit der Bearbeitung seitens des Geologischen Dienstes als maßgeblicher staatlicher geologischer Dienststelle einverstanden sind und dieses Gutachten als endgültig anzusehen ist. Sehr oft zeigt sich, daß die Behauptungen eines Wasserentzuges jeder geologischen Grundlage entbehren. Andererseits steht fest, daß natürlich mit dem Näherrücken des Tagebaues die Grundwasserverhältnisse der Umgebung erheblich beeinflußt werden und es im Zusammenhang damit durchaus zum völligen Versiegen von Hausbrunnen und Wasserwerken kommen kann. Auch Fragen eines sich ungünstig verändernden hydrochemischen Bildes spielen bei künstlicher Absenkung des Grundwasserspiegels gelegentlich eine Rolle.

Phenolwasserversenkung

Seit dem Jahre 1944 werden im Bereich Profen 150 m^3/Tag phenolhaltige Abwässer in die klüftigen Dolomite des Zechsteins versenkt. Auch beim Werk Deuben findet das gleiche statt und ist früher auch noch bei Trebnitz durchgeführt worden. Diese Maßnahmen wurden in einem Gutachten des Geologen E. PICARD bedingt zugelassen, während die Phenolwasserversenkung für andere Becken abgelehnt wurde. Im einzelnen wurde festgestellt, daß die Schluckfähigkeit der einzelnen Bohrlöcher recht unterschiedlich war. Da das Phenol im Wasser erhalten bleibt und sich als organischer Stoff nicht zersetzt, ist das Grundwasser wahrscheinlich auf Jahre, wahrscheinlich aber auf Jahrzehnte, verseucht und kommt für Trinkwasserzwecke nicht in Betracht. Die größer werdenden Forderungen an die Bereitstellung von Trink- und Industriewasser lassen es nicht mehr als tragbar erscheinen, derartige Phenolwasserversenkungen auch in Zukunft vorzunehmen, da ein Teil der im Zechstein zirkulierenden Wässer in Kürze genutzt werden muß und zum Teil schon genutzt wird. Wenn man sich zunächst davor gescheut hat, Grundwasser des Zechsteins zu verwenden, so deshalb, weil diese Wässer ausgesprochen hart sind und insbesondere eine hohe Sulfathärte aufweisen. Gewiß ist der Hydrogeologe bestrebt, Grundwasserspeicherstätten nachzuweisen, die auch in hydrochemischer Hinsicht günstig sind und keinerlei kostspielige Aufbereitung verlangen. Bei den immer größer werdenden Forderungen nach Grundwasser, besonders seitens der Industrie, ist es aber nicht zu umgehen, auch Wasser aus den tieferen Grundwasserleitern zu erschroten und gegebenenfalls eine entsprechende Aufbereitung in Kauf zu nehmen.

Da bei den schwierigen Lagerungsverhältnissen des Untergrundes im Raum Profen (Auftreten von Riffdolomiten) und den wenigen zur Verfügung stehenden Bohrungen im einzelnen nicht vorauszusagen ist, wo das phenolverseuchte Wasser später vielleicht einmal angebohrt wird, *muß von geologischer Seite schärfstens gegen jede Einleitung von derartigen verseuchten Industriewässern in den Untergrund Einspruch erhoben werden.* Schon PICARD hat darauf hingewiesen, daß die Frage noch nicht geklärt ist, wohin die phenolhaltigen Abwässer abfließen.

Es ist interessant, daß während des zweiten Weltkrieges vom Werk Deutzen im Revier Borna versucht wurde, in seinen nördlichsten Brunnen phenolhaltiges Abwasser einzuleiten, ohne vorher eine Genehmigung dazu einzuholen. Der Versuch wurde bereits nach wenigen Tagen aufgegeben, weil das aus den anderen Brunnen entnommene Kesselspeisewasser „schäumte“. Seitens der staatlichen Dienststellen wurde seinerzeit ein striktes Verbot jedweder Versenkung von Phenolwässern in den Untergrund für die Werke Deutzen und Böhlen durchgesetzt.

Wie unsere Darstellung zeigt, spielen *Wasserfragen bei der Erkundung von Braunkohlen und dem Abbau der Lagerstätten eine große Rolle und sind vielseitig.* Besonders wegen der Sicherung der Trinkwasserversorgung für die Bevölkerung muß angestrebt werden, möglichst viele Bohrungen nicht nur bis wenige Meter unter das tiefste Flöz, sondern bis in den festen Untergrund hinein zu stoßen, um Unterlagen nicht nur über dessen Ausbildung, sondern auch über seine Wasserführung zu erhalten. Nach Untersuchungsbohrungen mit kleinem Durchmesser sollte der nächste Weg sein, einzelne Bohrungen mit größerem Durchmesser niederzubringen, diese als provisorische Filterrohrbrunnen auszubauen und die einzelnen Grundwasserstockwerke getrennt mittels Dauerpumpversuchen bezüglich Ergiebigkeit und chemischer Beschaffenheit genau zu untersuchen. Überall dort, wo Braunkohle in größerem Umfang abgebaut wird, tritt eines Tages die Frage auf, wo und wie die Wasserversorgung für Bevölkerung und Industrie aus dem tieferen Untergrund sichergestellt werden kann. Dann müssen bereits entsprechende Unterlagen vorhanden sein, um in Kürze klare Planungen vornehmen zu können.

Besonders wünschenswert ist, Grundwasser, das beim Neuaufschluß von Tagebauen anfällt, nicht in den nächsten Vorfluter abzugeben, sondern der Wirtschaft dienstbar zu machen, zumal die Beschaffung des nötigen Trink- und Brauchwassers besonders im mitteldeutschen Raum zu einer grundlegenden Frage geworden ist. So ergibt sich die Forderung, allen Grundwasserfragen bei der Braunkohlenerkundung größte Aufmerksamkeit zu schenken.

Literatur

ENGERT, P.: Der prätertiäre Untergrund von Nordwestsachsen und seine Tektonik. – Ber. d. Geol. Ges. i. d. DDR II, Berlin 1957.
GÄBERT, C.: Der artesische Brunnen von Großzössen bei Borna. – Z. prakt. Geologie 1904.
HOHL, R.: Die Braunkohlenerkundung in Nordwestsachsen. – Z. angew. Geol. 1958, Heft 1.
–: Verschiedene Gutachten über Wasserfragen im Weißelster-Becken – unveröffentlicht. – Archiv des Geologischen Dienstes Freiberg/Sa.
HOPPE, W.: Die hydrogeologischen Grundlagen der Wasserversorgung in Thüringen. – Jena 1952.
MEYER, G.: Der Einfluß der geologischen Strukturen im Meuselwitz-Bornaer Braunkohlenrevier auf Planung und Abbau. – Freiberger Forschungshefte Februar 1951, Heft 1.
Weitere Gutachten und Bohrunterlagen aus dem Archiv des Geologischen Dienstes Freiberg/Sa. (unveröffentlicht).

Laboruntersuchungen zur Feststellung der Frostveränderlichkeit von Locker- und Felsgesteinen

K. JOHANNES KLENGEL, Dresden

Einleitung

Für viele Gebiete des Bauwesens – insbesondere für den Erd- und Straßenbau – sind Kenntnisse über die Beständigkeit von Gesteinen gegenüber Frost von außerordentlicher Bedeutung. Zwei Fragen stehen dabei im Vordergrund, einmal das Verhalten der Gesteine als Untergrund (Baugrund) und zum anderen als natürlicher Baustoff gegenüber Frost.

Im folgenden sollen deshalb nach einer kurzen Übersicht über das Frostproblem selbst die wichtigsten auf diesen Gebieten bekannt gewordenen Prüfverfahren einer kritischen Betrachtung unterzogen werden.

1.0 Das Frostproblem

In Abhängigkeit vom Klimaablauf, der immer stärkeren Zunahme des Schwerlastverkehrs und der Erhöhung der Geschwindigkeiten traten im Laufe der letzten 25 Jahre Frostschäden an Straßen mehr und mehr in den Vordergrund und veranlaßten eine ständige Erhöhung der Kosten für Unterhaltung und Instandsetzung. Eine der Hauptursachen ist darin zu suchen, daß das Bauwerk „Straße“ entgegen den Gepflogenheiten im Hochbau – im wesentlichen aus wirtschaftlichen Gesichtspunkten – nicht frostfrei gegründet wird und damit innerhalb der klimatischen Einflußzone liegt.

Inzwischen ergaben umfangreiche Untersuchungen, daß für das Auftreten von Frostschäden an Straßen das Zusammenwirken von Wasser, Frost, frostveränderlichen Gesteinen¹) und Verkehr verantwortlich zu machen ist. Die Vorgänge lassen sich dabei im einzelnen folgendermaßen darstellen. Beim Auftreten eines schnellen und tiefen Temperaturabfalles gefriert der Untergrund rasch, ohne daß sich das entstehende Eis in sogenannten Linsen anreichern und Wasser aus der weiteren Umgebung mobilisieren kann. Die entstehenden Hebungen des Untergrundes infolge der Volumenausdehnung des gefrierenden Wassers um 9% bleiben dabei gering und ohne Einfluß auf die Straße selbst.

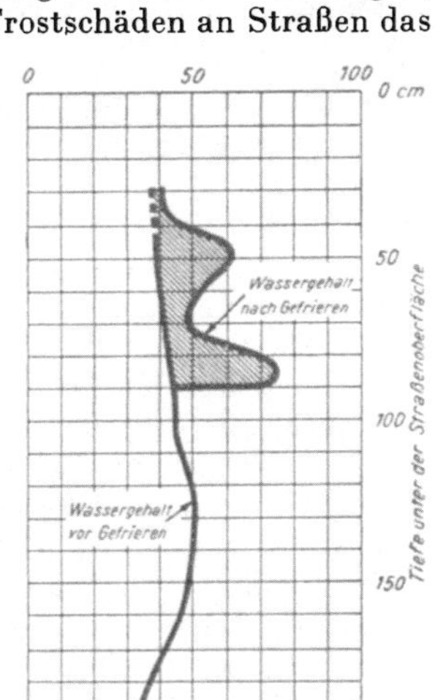

Abb. 1. Bodenwassergehalt vor und nach dem Gefrieren (nach BESKOW)

Beim Auftauen des gefrorenen Bodens, das sich von oben nach unten vollzieht, wobei tiefere Zonen noch gefroren sind und eine wasserundurchlässige Zone bilden, schmilzt nur die geringe Menge des vorhandenen Eises. Es tritt keine Übersättigung der Tauzone mit Wasser auf. Die Tragfähigkeit der Straße bleibt demzufolge erhalten.

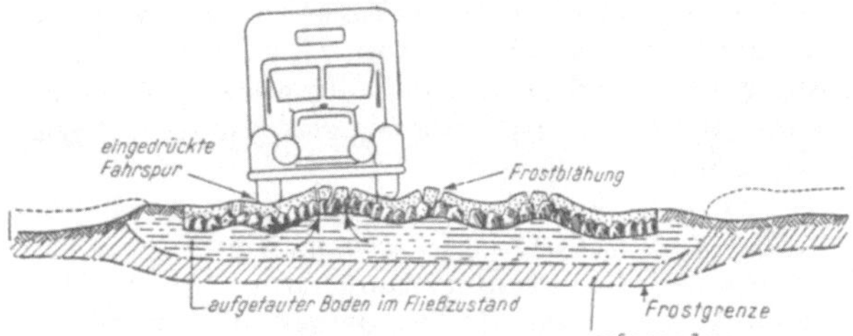

Abb. 2. Prinzipielle Darstellung des Auftretens von Tauschäden (verändert nach RUCKLI)

Bei allmählichem und schwankendem Temperaturabfall geht im Untergrund ein langsamer Gefriervorgang vonstatten. Aus der Umgebung wird dadurch Wasser in großen Mengen zusätzlich mobilisiert und in der Frostzone angereichert (Abb. 1), so daß die entstehenden Eislinsen einen großen Umfang annehmen können. Diese kräftige Eisbildung bewirkt eine schädliche Hebung des Straßenkörpers, wodurch Decke und Unterbau einer Straße bereits zerstört bzw. beschädigt werden können. Beim Einsetzen der Tauperiode tritt infolge des oben geschilderten Vorganges eine Übersättigung der Bodenzone unter dem Straßenkörper mit Wasser ein, das durch die noch gefrorenen tieferen Zonen nicht abfließen kann. Dadurch bildet sich ein stark wasserhaltiger Bodenbrei. Decke und Unterbau verlieren auf diesem labilen Untergrund bei Belastung ihre Tragfähigkeit (Abb. 2).

Besonders ungünstig wirken sich diese Vorgänge bei geschichteten und z. T. geschieferten – d. h. sogenannten veränderlichfesten Felsgesteinen aus, da die Wasserbeweglichkeit infolge einer doppelten in kapillaren Größenordnungen sich bewegenden Porosität – und zwar flächenhaft durch die intensive Zergliederung sowie im Korngefüge selbst durch die Sedimentation – außerordentlich hoch ist und damit auch die Wasserförderung in die Frostzone. Diese kann nach KEIL (1958) etwa das 16fache des Ausgangswassergehaltes erreichen. Unterstützt wird dieser Vorgang durch die hohe Wasser-

¹) Dazu sind zu rechnen:
Lockergesteine mit einem gewissen Anteil von Ton- und bzw. oder Schluffkorn. Lockergesteine mit hohem Anteil von Humus- oder Me-Oxyd-Gelen. Geschichtete oder stark zersetzte Felsgesteine mit Ton- und Schluffkornanteil (bei den Schichtgesteinen handelt es sich dabei im wesentlichen um mechanisch verfestigte Gesteine der Gruppe 1).

anlagerungs- und saugfähigkeit der in den veränderlich-festen Felsgesteinen vorhandenen und durch die säkulare Verwitterung wieder aktivierten Tonmineralien und Körnungen feinster Größen. Diese Beweglichkeit bleibt auch nach dem völligen Zerfall zu Gesteinsschlamm, d. h. nach Verlust des durch Druckverfestigung erhaltenen festen Gefüges nach Frosteinwirkung in fast dem gleichen Maße bestehen (KEIL, 1950). Das Zersprengen eines Felsgesteines ist dabei im wesentlichen vom Grad der Füllung der Hohlräume in den Feinstrukturen mit Wasser abhängig, d. h. inwieweit das sich ausdehnende Wasser als Eis in den vorhandenen Poren aufgenommen werden kann oder nicht.

In einem als Baumaterial verwendeten Felsgestein sind die Verhältnisse gleich, nur sind hier die wichtigen natürlichen Wasserzuleitungsbahnen gestört. Bei der Verwendung frostunbeständiger Baumaterialien im Straßenbau werden sogenannte sekundäre Frostschäden hervorgerufen, wodurch die Tragfähigkeit der Straße stark in Mitleidenschaft gezogen wird.

Trotz der umfangreichen Kenntnisse über die Grundfragen des Frostproblemes harren noch viele Punkte auf diesem Gebiet einer endgültigen Klärung, insbesondere wichtige quantitative Zusammenhänge zwischen Wasser, Frost, Untergrund und Verkehr einerseits, der Höhe der Frosthebungen und dem Tragfähigkeitsverlust beim Tauvorgang andererseits in Abhängigkeit vom jeweiligen Straßenaufbau.

Die augenblicklichen Forschungsarbeiten KEIL, KLENGEL & STRIEGLER (1957) gehen auch in der DDR dahin, spezielle Laboruntersuchungen — wie sie im weiteren Verlauf dieser Arbeit dargestellt werden — sowie genaue Aufnahmen von Frostschadenstellen im Gelände (KLENGEL, 1957) durchzuführen, um auf diese Weise weitere grundsätzliche Fragen zu klären. Daneben wird durch Auswertung der von den Straßenunterhaltungsbetrieben aufzustellenden sogenannten Frost-Schädenkartei (KLENGEL, 1958) versucht, ein Zustandsbild der Untergrundverhältnisse unseres Straßennetzes zu gewinnen. In Verbindung mit dem Aufbau von Frostpegelstationen (KLENGEL, 1957), die der Temperaturregistrierung im Untergrund in verschiedenen Klimagebieten dienen und den ähnlichen Zwecken dienenden Frost-Indikatoren (SIEDECK, 1954) können dann rechtzeitig vor Beginn des kritischen Tauvorganges Straßensperrungen zur Erhaltung frostgefährdeter Straßenabschnitte als augenblicklich wirtschaftlichste Lösung vorgenommen werden.

2.0 Prüfverfahren

2.1 Bestimmung der Frostveränderlichkeit

Zur Klärung der Frostveränderlichkeit des Untergrundes kommen normalerweise einfache auf die Belange der Praxis zugeschnittene Verfahren zur Anwendung. Zu ihnen gehören Feldprüfmethoden, bei denen im wesentlichen nur der relative Anteil des Feinstkornes, d. h. der die Frostgefahr bestimmenden Fraktionen (sogenannter „kritischer Kornanteil"), festgelegt wird sowie die normale Siebanalyse. Die weiteren in Frage kommenden Untersuchungen können nur im Frostschrank durchgeführt werden, sie dienen vor allem wissenschaftlichen Zwecken.

2.11 *Feldprüfverfahren*

Ohne Einsatz irgendwelcher Hilfsmittel lassen sich schon im Felde gewisse Aussagen über eine eventuell zu erwartende Frostveränderlichkeit machen. Hierzu dienen vor allem Verfahren, wie sie von DÜCKER (1957) und KEIL in NEUMANN (1958) veröffentlicht wurden, und die sich i. allg. auf das unterschiedliche Verhalten der Gesteine mit vorwiegend tonig-schluffigen bzw. sandig-kiesigen Fraktionen gegenüber Wasser begründen. Die Proben werden dabei z. B. ausgerollt, geschüttelt, in der Hand zerrieben, in Wasser gelegt usw., um den Grad ihrer Bindigkeit zu ermitteln. Eine Besprechung liegt nicht im Rahmen dieser Arbeit, außerdem stellen sie für den erfahrenen Bodenkundler nichts Neues dar.

2.12 *Ermittlung der Kornverteilung*

Das am häufigsten angewandte Verfahren zur Festlegung der Frostveränderlichkeit des Lockergestein-Untergrundes ist auch heute noch die Sieb- und Schlämmanalyse („Kornkriterium"). Ihre Durchführung zeichnet sich durch Schnelligkeit, geringen Aufwand und Einfachheit aus. Vor allem für die Praxis ist sie demnach von allererster Bedeutung. Dabei muß jedoch nachdrücklich darauf hingewiesen werden, daß eine bestimmte Kornverteilung des Untergrundes nur einen frostinduzierenden Faktor darstellt, der aber zweifelsohne, wie auch von SCHAIBLE (1957) wiederum festgestellt wurde, von ausschlaggebender Bedeutung für das gesamte Frostproblem ist. Außerdem lassen sich mit Hilfe der Siebanalyse ohne Schwierigkeit bereits Angaben über die zu erwartende Tragfähigkeit des Untergrundes machen, die ja sehr eng mit dem Frostproblem zusammenhängt.

Infolge seiner Einfachheit am weitesten verbreitet und deshalb häufig angewendet wird das sogenannte „Frostkriterium nach CASAGRANDE" (1934). Danach ist ein ungleichförmiges Lockergestein ($U \geqq 15$) „frostgefährlich", wenn es mehr als 3% Korngrößen kleiner als 0,02 mm aufweist, sehr gleichförmige Lockergesteine ($U \leqq 5$) zeigen dagegen erst „frostgefährliche" Eigenschaften, wenn 10% Korngrößen kleiner als 0,02 mm vorhanden sind. Voraussetzung für die Anwendbarkeit ist die Möglichkeit des Wassernachschubes aus dem Untergrund. Eine Bestimmung der Frostveränderlichkeit nach diesem Verfahren ist bereits nach Durchführung einer Sieb- und Schlämmanalyse möglich.

Im folgenden wird die Ermittlung der Frostveränderlichkeit an Hand der Kornverteilung nach dem im Hinblick auf seine Bedeutung noch nicht im erforderlichen Maße in der Praxis eingeführten „Frostkriterium SCHAIBLE" (1957) kurz dargestellt: Es wird von dem auf seine Frostveränderlichkeit zu überprüfenden Lockergestein eine kombinierte Sieb- und Schlämmanalyse durchgeführt. Für Übersichtszwecke ist auch eine einfache Naßsiebanalyse (zur Verhinderung von Zusammenballungen der feinen Korngrößen) ausreichend. Als feinstes Sieb genügt dabei das Maschensieb 0,1 mm, ebenfalls von Bedeutung ist das Maschensieb 2,0 mm. Die übrigen Siebe sind nach Belieben zu wählen. Die Einwaage richtet sich — wie bei jeder normalen Siebanalyse — nach dem Grobkornanteil (Kies, Steine). Die gefundenen Werte werden in ein normales halblogarithmisches Diagramm eingetragen und zu einer Kurve verbunden. Im Diagramm sind die Grenzen der Bereiche mit zu hohem Anteil an Feinkorn und zu hohem Anteil an Grobkorn eingetragen (Abb. 3). Für den Schnittpunkt der gefundenen Kornverteilungskurven mit der Senk-

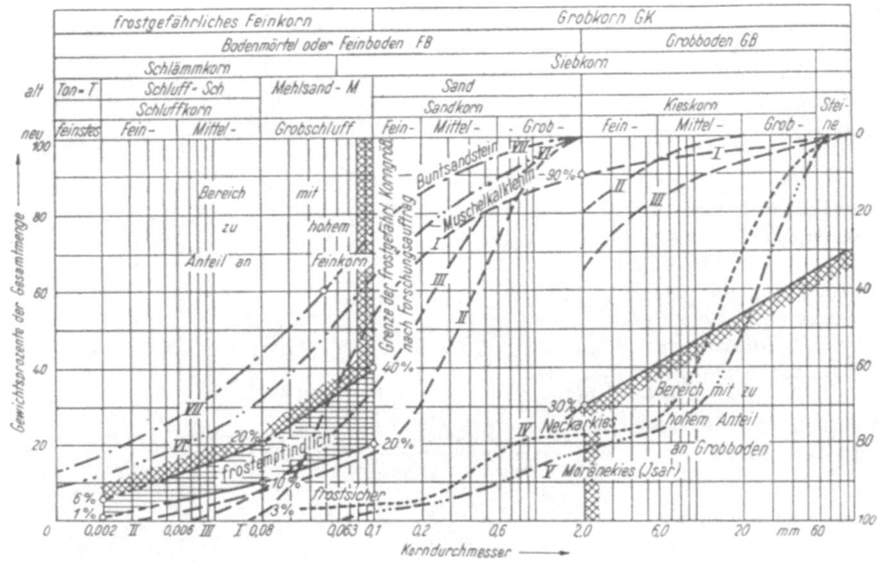

Abb. 3. Darstellung des Frostkriteriums SCHAIBLE mit Kornverteilungskurven als Beispiel (vgl. Text)

rechten über 2,0 mm Korngröße gibt es 3 Möglichkeiten, die für die weitere Arbeit von Bedeutung sind:

Die Probe hat weniger als 30 % Kornanteile < 2,0 mm (Kv-Kurve IV, V)[2])
Die Probe hat zwischen 90—40 % Kornanteile < 2,0 mm (Kv-Kurve II, III)
Die Probe hat mehr als 90 % Kornanteile < 2,0 mm (Kv-Kurve I, VI, VII).

1. Hat das geprüfte Lockergestein weniger als 30% Kornanteile < 2,0 mm, so verläuft die Kornverteilungskurve durch den abgegrenzten Bereich mit zu hohem Anteil an Grobkorn, d. h. das untersuchte Lockergestein bildet keinen frostunveränderlichen also dauertragfähigen Untergrund für die Anlage einer Straße. Die Ursache dafür bildet die Tatsache, daß einmal infolge der Verkehrseinwirkungen feinkörniger und damit i. allg. frostveränderlicher Untergrund in die vorhandenen Hohlräume eindringen kann und daß zum anderen infolge mechanischer Beanspruchung die groben Gesteinsbrocken im Laufe der Zeit zerfallen und frostveränderliche Bestandteile bilden können, was viele Untersuchungen von SCHAIBLE eindrucksvoll nachgewiesen haben.

2. Liegt der Kornanteil < 2,0 mm im Bereich 90 bis 40%[3]), so bestimmen diese feinen Körnungen allein das Verhalten des gesamten Lockergesteines, besonders während des gefährlichen Auftauprozesses. Es ist dann notwendig, nur aus dem Anteil < 2,0 mm die Frostveränderlichkeit zu bestimmen. Es wird also die Gewichtssumme der Fraktionen < 2,0 mm gleich 100 gesetzt, während der Anteil > 2,0 mm vernachlässigt wird. Schneidet die daraus aufgestellte Kornverteilungskurve den abgegrenzten Bereich mit zu hohem Anteil an Feinkorn, so ist das gesamte Lockergestein entsprechend „frostempfindlich" oder „frostgefährlich".

3. Weist ein Lockergestein mehr als 90% Körnungen < 2,0 mm auf, so genügt seine normale Kornverteilungskurve zur Bestimmung der Frostveränderlichkeit. Aus der Lage der Schnittpunkte mit dem abgegrenzten Bereich ersieht man dann ebenfalls, ob „frostempfindlich" oder „frostgefährlich".

[2]) Kv-Kurve = Kornverteilungskurve, I—VII s. Abb. 3.
[3]) Im Bereich 40—30% Kornanteile < 2,0 mm sind mehrere Untersuchungen erforderlich, da hier noch gewisse Unklarheiten vorliegen.

Besonders zweckmäßig ist es, bei der Überprüfung der Frostveränderlichkeit mittels Kornverteilung auch die Frage der Tragfähigkeit mit zu klären. Hierfür kommt nur die aus der gesamten Probe aufgestellte Kornverteilungskurve in Betracht. Es ist bekannt, daß Lockergesteine, die nur geringe Kornabstufungen aufweisen (gleichförmig aufgebaut sind), sich schlecht verdichten lassen und eine dauernde Bewegungsempfindlichkeit bewahren, mit anderen Worten eine schlechte Tragfähigkeit aufweisen. Gut abgestufte, d. h. sehr ungleichförmige Lockergesteine lassen sich gut verdichten und weisen für längere Zeit eine gute Tragfähigkeit auf. Bei dynamischer Beanspruchung im sog. „dynamischen Tragkörper" (KEIL 1956) tritt aber im Laufe der Zeit auch hier eine Entmischung ein. Die Feststellung des Ungleichförmigkeitsgrades erfolgt durch Messung des Anstieges der Kornverteilungskurve zwischen 10% und 60% $\left(U = \frac{d\,60\%}{d\,10\%}\right)$. Die Vielzahl der Untersuchungen von SCHAIBLE ergaben, daß eine ausreichende Tragfähigkeit im Bereich U = 10—50 vorhanden ist. Der Durchgang der Kurve für d 10% liegt dabei zwischen 0,05—0,8 mm Korngröße.

2.13 *Andere bodenphysikalische Kennwerte*

Durch Ermittlung der Plastizität, der Durchlässigkeit, der kapillaren Steighöhe und der Wasseraufnahmefähigkeit (Enslinwert) lassen sich viele mit dem Frostproblem im engen Zusammenhang stehende Fragen einer Lösung näherbringen. Für die Frage des Tragfähigkeitsverlustes beim Tauvorgang ist beispielsweise die Kenntnis der Plastizität wichtig, für die Frage der Wasserzuführung die Durchlässigkeit und die Kapillarität. Auf diesem Gebiet fehlen jedoch Vergleichsuntersuchungen und Kenntnisse über Abhängigkeiten und Beziehungen der Einzelwerte zueinander. Der komplexe Charakter des Frostproblems wird es wohl auch kaum möglich machen, durch Bestimmung von bodenphysikalischen und evtl. bodenmechanischen Kennwerten im Labor die gesamte Problematik eindeutig zu klären, abgesehen davon, daß die Kornzusammensetzung auf Schritt und Tritt (z. B. Geschiebelehm) wechseln kann.

2.14 *Chemisch-mineralogisches Verhalten*

Wie die Untersuchungen von DÜCKER (1939, 1939/40) gezeigt haben, spielt bei der Bestimmung der Frostveränderlichkeit auch der chemisch-mineralogische Aufbau des Feinkornanteiles eine bedeutende Rolle. Als besonders gefährlich stellte sich das Überwiegen des Tonminerals Kaolinit in einem bindigen Lockergestein heraus, während der Montmorillonit hinsichtlich einer evtl. Frostveränderlichkeit wesentlich günstigere Eigenschaften aufweist. Letzteres Tonmineral verhindert infolge seiner außerordentlich hohen Quellfähigkeit den Wasserzufluß zur Frostzone in sehr starkem Maße, so daß Lockergesteine mit einem Gehalt an Montmorillonit sich praktisch frostunveränderlich erweisen. Das Tonmineral Illit liegt im Verhalten hinsichtlich der Frostveränderlichkeit zwischen den Tonmineralien Kaolinit und Montmorillonit.

In ähnlicher Weise bewirkt das Vorhandensein von Metallhydroxyden (Fe, Mn, Al) und humosen Bestandteilen in Gelform in einem nach den bekannten Kornkriterien frostunveränderlichen Lockergestein dessen Frostveränderlichkeit (DÜCKER, 1956).

Da eine einfache und schnelle Festlegung der chemisch-mineralogischen Zusammensetzung eines Lockergesteins auf große Schwierigkeiten stößt, können nur Frostschrankversuche wissenschaftlich eindeutige Aussagen über die Frostveränderlichkeit vermitteln. Für praktische Arbeiten gibt es augenblicklich keine bessere Methode als die Anwendung eines der Kornkriterien.

2.15 *Frostschrankversuche*

Auf diesem Gebiete sind u. a. Untersuchungen von G. BESKOW (1935), L. ERLENBACH (1936), H. F. WINN (1938) und A. DÜCKER (1939) bekannt geworden. Mit Hilfe verschiedener Anordnung und Konstruktion der Versuchseinrichtungen und unterschiedlicher Meßverfahren soll erreicht werden, die natürlichen Einflüsse und Vorgänge in der Natur möglichst weitgehend im Labor zu erfassen und wirksam werden zu lassen.

2.151 Geräteaufbau

Bei den im folgenden kurz erläuterten und durch Bilder in den Einzelheiten dargestellten Versuchseinrichtungen handelt es sich im wesentlichen darum, daß eine in einer Hülle aus unterschiedlichem Material befindliche Lockergesteinsprobe, die seitlich kälteisoliert ist, von oben einem Kältestrom ausgesetzt wird und von unten den erforderlichen Wassernachschub erhält. Dazu kommen noch eine Reihe von Zusatzeinrichtungen. Diese prinzipielle Anordnung kann verschieden variiert werden, was die folgenden Beispiele im einzelnen zeigen.

1. Versuchseinrichtung nach BESKOW (Abb. 4)

Die senkrecht im Frostschrank stehende Bodenprobe (a) von 32,5 mm ∅ steckt in einem Glaszylinder (b_2), dessen oberer Teil in Ringe (b_1) aufgeschnitten ist und der mit Korkpulver (p) als Isolation seitlich umhüllt ist. Die Probe steht in einem Wassergefäß (i). Die Hebungen werden mittels Meßuhr (c) gemessen. Die

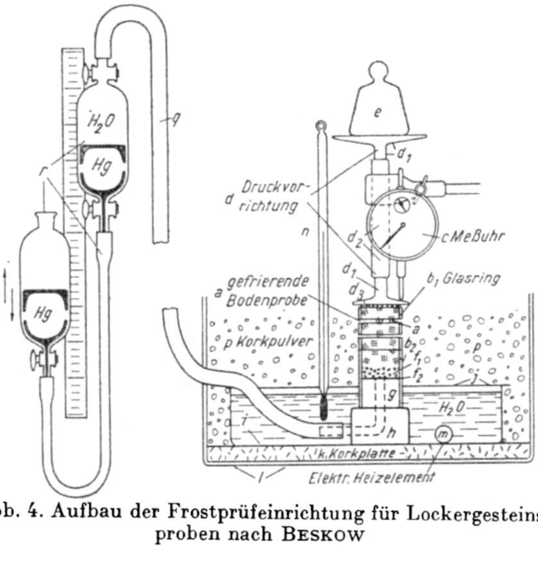

Abb. 4. Aufbau der Frostprüfeinrichtung für Lockergesteinsproben nach BESKOW

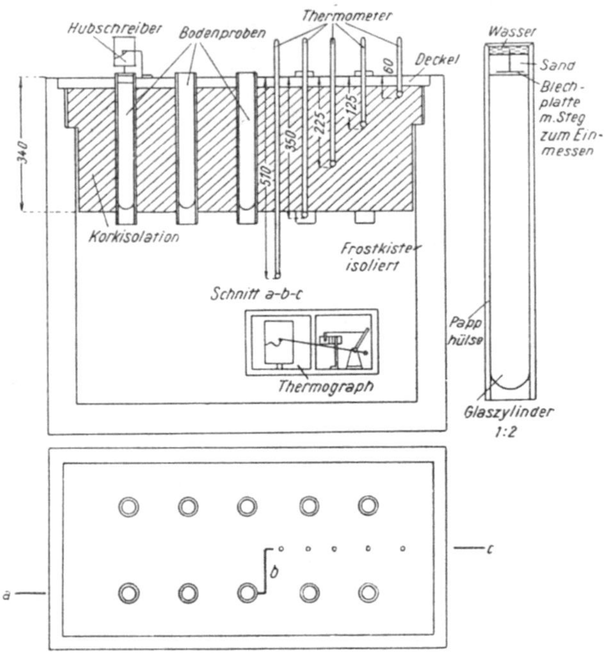

Abb. 5. Frostprüfeinrichtung nach ERLENBACH

Vorrichtungen d/e dienen der Änderung des Belastungsdruckes und q/r des Kapillardruckes innerhalb der Probe.

2. Versuchseinrichtung nach ERLENBACH (Abb. 5)

Die in einem Glasrohr befindliche Bodenprobe wird in eine unten und oben offene Papphülse, die mit Korkpulver allseitig isoliert ist, eingehangen. Die Kälte dringt von untenher in die Probe ein, die an ihrer Oberseite mit Wasser bedeckt ist. Die Hebungen werden mittels Schreibgerät an der Oberseite gemessen.

3. Versuchseinrichtung nach WINN (Abb. 6)

Der eigentliche Frostschrank, der sich zusätzlich in einem Kälteraum befindet, weist 8 herausnehmbare Fächer auf. In jedes können 4 Proben eingesetzt werden, die allseitig von Sand umhüllt sind. Ein Fach entspricht demnach praktisch einer sandgefüllten Kiste. In diese sind die sich in paraffinierten und innen eingefetteten Papphülsen befindlichen zylindrischen Proben eingesetzt. Sie sitzen auf porösen Platten auf, die im Wasser stehen und so den Wassernachschub gewährleisten. Die Bodenproben haben einen Durchmesser von 72,2 mm und eine Höhe von 177,8 mm und sind allseitig — außer auf der Grundfläche — mit einer dünnen Paraffinschicht zur Verhinderung der Verdunstung überzogen.

4. Versuchseinrichtung des Geotechnischen Laboratoriums Dresden (Abb. 7)

In Anlehnung an die bekannten Vorbilder wurde ein Frostversuchsschrank zur Durchführung verschiedener Versuche entwickelt. Dieser Gefrierschrank weist einen Nutzraum von ca. 1 m³ auf. Er ist mittels einer Isolierplatte (J) von 15 cm Stärke in einen unteren und oberen Versuchsraum geteilt. Die Platte weist 6 Durchbohrungen von je 110 mm ∅ auf. Hier können die Proben eingehängt werden, die in durchsichtigen Kunststoffzylindern (Z) stecken, deren obere Hälfte in 20 mm starke Ringe (R) zerschnitten sind. Den Boden des Zylinders bildet ein normaler Filterstein (F), der durch einen kleinen Stutzen (W) mit Wasser versorgt wird, das so von der Probe aufgenommen werden kann. Die Kunststoffzylinder haben den großen Vorteil des geringen Gewichtes und der Durchsichtigkeit. Die Hebungen werden mittel seiner Meßuhr (M) gemessen, die auf der Probe aufsitzt. Eine zusätzliche Kälteisolation zwischen Probe und Isolierplatte wird mittels Glaswolle erreicht (K — Kühlschlangen, L — Anschluß zum Aggregat).

2.152 Untersuchungsgang

Bei der Durchführung eines Versuches wird i. allg. folgendermaßen vorgegangen. Die zu untersuchende Kornmischung, deren Wassergehalt, Plastizität, Kornverteilung und Durchlässigkeit bestimmt ist, wird in den Probezylinder eingefüllt und je nach den Versuchsbedingungen verdichtet. Sie kann auch zuerst in einen normalen Entnahmestutzen eingebracht und dann ausgedrückt werden, so daß die Probe bereits die geforderte zylindrische Form aufweist und nach Anbringen eines Paraffinmantels in den randlich eingefetteten Versuchszylinder eingesetzt werden kann. Vorher wird der Unterteil des Zylinders etwa 2 cm mit Fein- bis Mittelsand bedeckt, um ein Verschlämmen der Wasserzuführungseinrichtung zu verhindern. Zur Messung der Hebungen wird auf das obere Probeende eine Meßuhr aufgesetzt, die regelmäßig etwa alle 10 Min. abgelesen wird. Die Werte werden sofort in ein Zeit-Hebungsdiagramm eingetragen. Normalerweise arbeitet man im „offenen System", d. h. ein beliebig großer Wassernachschub ist gesichert, was beim Laborversuch durch die Wasserzuführung von unten her erreicht wird. Die Temperatur des zuströmenden Wassers darf höchstens +5°C betragen, da sich sonst häufig sog. Fibereis bildet. Außerdem ist es sehr wichtig, die Probe vor Versuchsbeginn kapillar zu sättigen, da sonst der Wassernachschub schwer in Gang kommt. Der im Versuch nur von unten mit einfachen Mitteln installierbare Wasserzufluß (als „Grundwasser") ist die auffallendste Vereinfachung beim Laborversuch, da in der Natur das Wasser aus allen Richtungen zur Frostzone zufließen kann. Durch Einbau von Widerstandsthermometern in verschiedenen Höhen des Versuchszylinders kann der Temperaturfluß in der Probe registriert werden. Nach

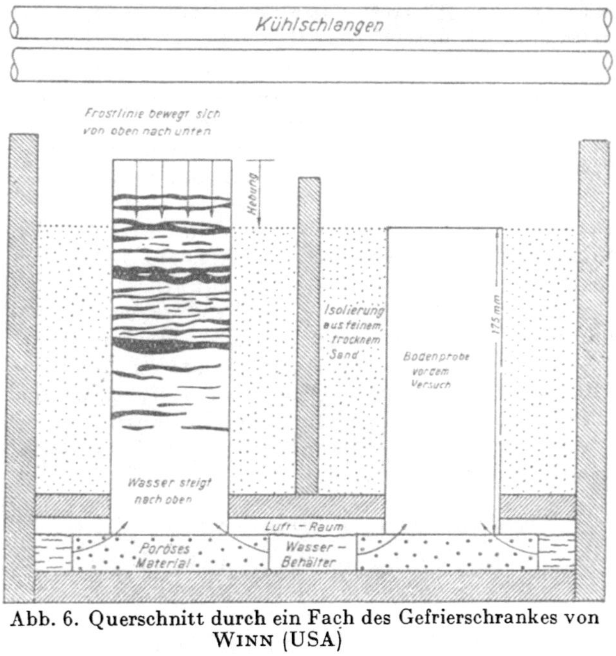

Abb. 6. Querschnitt durch ein Fach des Gefrierschrankes von WINN (USA)

Abschluß des Versuches wird die Probe aus dem Zylinder herausgehoben, werden die einzelnen Stärken der Eislinsen gemessen und der Wassergehalt in verschiedenen Höhen der Probe bestimmt. Dadurch läßt sich erkennen, ob die gefrorene Probe Wasser nach unten abgegeben — also frostsicher ist — oder zusätzlich aufgenommen hat. Die Ergebnisse dieser Untersuchungen lassen sich dabei nur auf die natürlichen Vorgänge im Straßenuntergrund übertragen, wenn die wichtigen Einzelkomponenten — Temperatur, Wasser und Untergrundart — einander entsprechen. Der Einfluß der Verkehrsdynamik ist sehr schwer zu erfassen und bildet einen Unsicherheitsfaktor. RUCKLI (1950) hat diesen Komplex theoretisch untersucht und konnte die dargelegten Gesichtspunkte im wesentlichen bestätigen.

2.153 Untersuchungsmethoden

1. Kornmischungen

Die beschriebenen Apparaturen sind bisher i. allg. dazu benutzt worden, um verschiedene in der Natur während

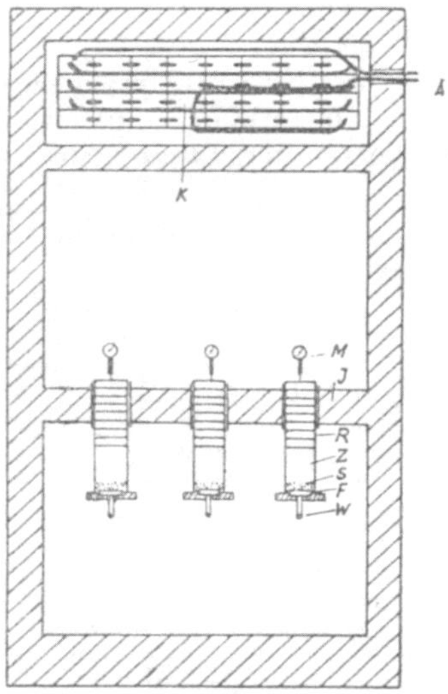

Abb. 7. Prinzipskizze vom Frostversuchsschrank des Geotechn. Laboratoriums Dresden

der Entstehung nicht zu beobachtende Vorgänge nachzuahmen und zu studieren. Es wurden fast ausschließlich verschiedene Kornmischungen bzw. Fraktionen einer eingehenden Untersuchung unterzogen. Dabei wurde festgestellt, daß zur Bildung von Eislinsen im Untergrund eine gewisse Mindestmenge an feinsten Körnungen, eine kapillare Sättigung der Probe, ein ausreichender Wassernachschub und eine allmähliche Temperaturabnahme bis unter den Gefrierpunkt notwendig sind. Das Maß der Frosthebung wird von der Summe der Eislinsendicke bestimmt, die wiederum mit der Zunahme des Wassergehaltes im gefrorenen Untergrund in einem bestimmten Verhältnis steht.

2. Stabilisierte Kornmischungen

Andere Versuche beschäftigen sich vor allem mit der Abhängigkeit zwischen Eisbildung und Frosthebung einerseits und den mit verschiedenen Mitteln veredelten Kornmischungen andererseits (vgl. WINN, 1938).

Gerade letztere Frage hat im Straßenbau eine außerordentliche Bedeutung erlangt, da besonders die Untergrundstabilisierung mit Zement (sog. Vermörtelung), Bitumen und bestimmten Chemikalien auch in Mitteleuropa immer weitere Anwendungsmöglichkeiten erfährt. Die wichtigsten Ergebnisse dieser Arbeiten seien kurz dargestellt. Der Vorgang schädlicher Eislinsenbildungen wird in durch Chemikalien veredelten Kornmischungen gegenüber natürlichen unveredelten i. allg. nur hinausgezögert und die absoluten Hebungen in geringem Maße herabgesetzt. Das liegt darin begründet, daß die Zusätze das Lockergestein eine gewisse Zeitspanne wasserabweisend machen, d. h. die weitere und für die Eislinsenbildung besonders wichtige Wasseraufnahme eine Zeitlang verhindern. Gute Resultate zeitigen die Versuche mit NaCl, $CaCl_2$ und Sulfitlauge infolge ihrer Eigenschaft, den Gefrierpunkt von Lösungen herabzusetzen. Solange die volle Konzentration der Salze erhalten bleiben kann, ist bis etwa $-23°C$ mit keinen Eisbildungen zu rechnen. Die Schwierigkeit liegt hier in der außerordentlich leichten Auslaugungsmöglichkeit der zugemischten Salze. Die Zugabe von Zement und bituminösen Substanzen übt ebenfalls einen direkten Einfluß auf die Eislinsenbildung aus. Je größer der Prozentsatz der Zumischung und je geringer der Wassersättigungsgrad bei Beginn des Versuches ist, desto niedriger sind die zu erwartenden Frosthebungen (Abb. 8).

3. Ungestörte Proben

Eine weitere Möglichkeit, der besondere praktische Bedeutung zukommt, ist die Überprüfung ungestörter Proben. Bei Entnahme ungestörter Lockergesteins-

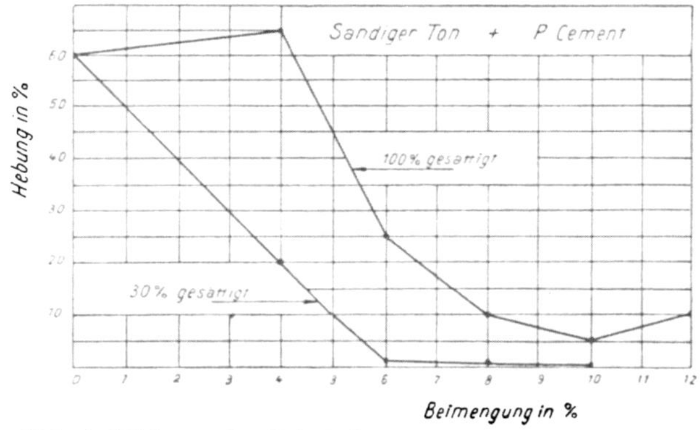

Abb. 8. Wirkung der Beimischung von Portlandzement bei verschiedenem Wassergehalt auf die Frosthebung von sandigem Ton (nach WINN)

proben in normalen Stutzen aus dem Untergrund von Straßenneubauten lassen sich nach Kenntnis der Wasserverhältnisse und verschiedener bodenphysikalischer Werte (Kornverteilung, Durchlässigkeit und Kapillarität) durch Untersuchungen im Frostschrank die Frosthebungen größenordnungsmäßig vorausbestimmen. Der Vergleich zwischen dem Endwassergehalt der Probe und der Fließgrenze lassen es zu, aufschlußreiche Schlüsse über die Minderung der Tragfähigkeit zu ziehen. Nach Fertigstellung eines fahrbaren Spezialbohrgerätes im Laufe des Jahres 1958 in Dresden können ungestörte Felsgesteinsproben aus vermutlich frostveränderlichen Schicht- und Schiefergesteinen entnommen und in ähnlicher Weise überprüft werden wie die Lockergesteinsproben. Hierbei sind allerdings verschiedene Schwierigkeiten zu überwinden, da ja keinerlei bodenphysikalische Kennwerte bestimmbar sind. Besonders ist die schwierige Nachahmung der Wasserzuführung zu erwähnen, da ja im Gelände Klüfte oder Schicht- und Schieferfugen die natürlichen Wasserzuleitungsbahnen darstellen. Bei Felsgesteinsproben, die kaum Eislinsen aber Eisadern bilden und demzufolge geringe Hebungen zeigen, können evtl. Dünnschliffuntersuchungen zur Feststellung der Veränderungen im Gefüge erfolgversprechend sein. Versuche letzterer Art scheiterten bisher jedoch an den Unzulänglichkeiten der Dünnschliffherstellung senkrecht zu den Schicht- bzw. Schieferungsflächen in tonschieferähnlichen Gesteinen.

Um neben den übrigen bekannten frostinduzierenden Faktoren auch die Erregung des Untergrundes durch Verkehrsschwingungen nachahmen zu können, sind Versuche im Gange, den in den Versuchszylindern befindlichen Gesteinsproben Schwingungen verschiedener Frequenzen aufzuprägen und deren Einfluß auf die Wasserzufuhr und den Zerfall zu studieren. Bei Erfolg der Versuche wird es dann möglich sein, nach Kenntnis der ungefähr zu erwartenden Verkehrsbelastung die Proben unter den erforderlichen Schwingungen im Frostschrank zu überprüfen.

2.2 Frostbeständigkeitsprüfungen an Gesteinsbaustoffen

Diese Prüfmethoden dienen bisher fast ausschließlich der Klärung der Frosteinwirkung auf Felsgesteine als Baustoffe. Als Beispiele dafür seien genannt Pflaster, Packe, Schotter und Dachschiefer, sie lassen sich aber auch zur Prüfung von künstlichen Baumaterialien verwenden, wie Dachziegel und Klinker. Die bekanntesten Verfahren dieser Art sind die Normenprüfverfahren ‚Frostversuch im Gefrierschrank nach DIN 52104 C‘ und ‚Wassersättigungsverfahren nach DIN 52103 C‘. Beide sind von verschiedenen Institutionen für ihre jeweiligen Arbeitsbereiche als verbindliche Prüfverfahren erklärt worden. Daneben ist vor zwei Jahren ein Schnellprüfverfahren des sog. ‚nassen Abschreckfrostes‘ nach PPEIFER (1956) bekannt geworden. Es wird infolge seiner Schärfe verschiedentlich kritisiert, ob zu Recht, ist nicht eindeutig erwiesen (BREYER, 1957).

2.21 *Frostversuch nach DIN 53104 C*

Bei diesem Versuchsverfahren wird eine Probe des zu untersuchenden Gesteines bei normalem Luftdruck solange wassergetränkt bis keine Zunahme des Wassergehaltes erkennbar ist. Dann wird sie bei einer Temperatur von $-15°$ oder tiefer mindestens 2 Std. eingefroren und anschließend in Wasser von Zimmertemperatur wieder aufgetaut. Dieser Vorgang muß 25mal wiederholt werden. Frostschadeneffekte können nur an der Veränderung der äußeren Beschaffenheit (Absanden, Absplittern, Rißbildung) und einer Änderung der Druckfestigkeit erkannt werden. Das Verfahren ist sehr zeitraubend, die Prüfung einer Probe dauert mitunter mehr als 4 Wochen. Außerdem unterliegen die Ergebnisse vielen subjektiven Einflüssen. Einen besonderen Hinweis verdient die Tatsache, daß ein 25maliger Wechsel des Frost- und Tauvorganges durchaus kein Güte-Kriterium darstellen kann, da schon innerhalb eines oder einiger Winter eine wesentlich höhere Anzahl von Frost- und Tauwechsel mit allerdings geringeren Extremwerten auftreten können und die sehr wichtige Wassersättigung der Probe sich unkontrollierbar verschiebt.

2.22 *Wassersättigungs-(S-Wert) Verfahren*

Bei der Bestimmung des Sättigungskoeffizienten (S) geht es darum, das Verhältnis der freiwilligen Wasseraufnahme einer Probe nach 5tägiger Wasserlagerung (W_{fr} i. %) zur Wassersättigung nach Einlagerung in einen Wasserpreßtopf bei 150 atü (W_s i. %) und 24 Std. Dauer zu bestimmen $\left(S = \frac{W_{fr}}{W_s}\right)$. Als Grenzwert zwischen frostbeständig und frostveränderlich wurde $S = 0{,}85$ festgelegt, d. h. $S > 0{,}85$ frostveränderlich, $S < 0{,}85$ frostbeständig. Dieser Wert besagt, daß nur 85 % aller Porenräume der Probe unter normalem Luftdruck wassererfüllt sind. Da sich Wasser beim Gefrieren um 9% ausdehnt und 15% freie, nicht wassererfüllte Poren noch vorhanden sind, kann die Sprengkraft bei gleichmäßiger Verteilung der Poren nicht zur Wirkung kommen und das Gestein nicht beschädigt werden.

Mit Festlegung von $S = 0{,}85$ befindet man sich auf der sicheren Seite, denn exakt müßte der Grenzwert $S = 0{,}91$ lauten. In diesem Bereich ist also eine gewisse Unsicherheit vorhanden. Eine weitere liegt darin begründet, daß die sog. „freiwillige Wasseraufnahme" beim Versuch nach 5 Tagen Wasserlagerung bestimmt wird, nach einem längeren Zeitraum jedoch — wie Versuche zeigen — zunimmt, so daß der S-Wert größer wird. Die Dauer einer Untersuchung nach diesem Verfahren liegt bei etwa einer Woche.

2.23 *Schnellprüfverfahren nach* H. PFEIFER

Die zu untersuchende Probe wird in Eiswasser eingebracht, bei einem möglichst hohen Vakuum 3 Std. entlüftet und dann bei normalem Luftdruck 2 Std. darin gesättigt. Anschließend wird die gleichzeitig vorgekühlte Probe in eine gesättigte NaCl-Lösung (Sole) von mindestens $-21°$C gelegt und im Höchstfalle 3 Tage darin belassen. Im allg. ergibt sich bei frostveränderlichem Material bereits nach wenigen Stunden Solelagerung eine sichtbare Veränderung, so daß der Gesamtversuch innerhalb eines Tages zum Abschluß gebracht werden kann, was als bemerkenswerter Vorteil gewertet werden muß. Bei der Kritik dieses Verfahrens wird vor allem dagegen Stellung genommen, daß den Proben durch die Entlüftung im Vakuum fast eine 100prozentige Wassersättigung aufgezwungen wird, im Gegensatz zu der den natürlichen Verhältnissen entsprechenden geringeren freiwilligen Wasseraufnahme. Auf diese Weise sollen selbst bei normalerweise guten Gesteinsbaustoffen Frostschadeneffekte erzielt werden.

Nach eingehenden Vergleichsuntersuchungen, die am Geotechn. Laboratorium in Dresden geplant sind, ist zu hoffen, daß eine befriedigende Klärung dieses wichtigen Fragenkomplexes nähergekommen wird.

2.24 *Bedeutung dieser Verfahren für die Prüfung von Felsgesteinsuntergrund*

Die unter 2.1 im einzelnen dargelegten Probleme zeigen, daß eine Bestimmung der Frostveränderlichkeit von Felsgesteinsuntergrund auf große Schwierigkeiten stößt. Will man Untersuchungen dieser Art anstellen, so ist man z. Zt. gezwungen, eines der unter 2.2 aufgeführten Prüfverfahren anzuwenden. Zeigt eine Probe dabei keine Beständigkeit, so ist auch mit einer Frostveränderlichkeit des Untergrundes zu rechnen. Nicht berücksichtigt werden dabei die sehr wichtigen Verbandsverhältnisse (Klüfte, Fugen usw.) des geprüften Gesteines, die einen modifizierenden Einfluß ausüben, da sie die Wasserzuführung zur Frostzone entscheidend beeinflussen. So behält beispielsweise ein völlig zu gelbem Lehm zersetzter Tonschiefer die für dieses Felsgestein typischen feinsten Schieferfugen, die eine hohe Wasserbeweglichkeit im an sich schwer durchlässigen Lehm gestatten (KEIL, 1950).

3.0 Geotechnische Karteien und Karten

Im Zusammenhang mit den in der vorliegenden Arbeit behandelten Fragen der Frostveränderlichkeit, erscheint es notwendig, auch die Aufstellung von Geotechnischen Karteien bzw. Karten kurz zu streifen. Dabei wird Bezug auf die Darlegungen von J. POMPER in Heft 8/9, 1957 dieser Zeitschrift genommen.

Bei gemeinsamen Arbeiten mit Baubetrieben der Verkehrsträger hätte das Vorhandensein solcher Zusammenstellungen oft zeitraubende Untersuchungen ersparen können, so daß die von POMPER veröffentlichten Vorschläge — ohne in diesem Rahmen zu den einzelnen Punkten Stellung nehmen zu wollen — sehr zu begrüßen sind.

Als Ergänzung wird darauf hingewiesen, daß es gerade für die Betriebe des Straßen- und Eisenbahnbaues von außerordentlicher Bedeutung ist, wenn u. a. die Ergebnisse von Frostbeständigkeitsprüfungen und die Fragen der Verwendbarkeit für Frostschutzschichten mit niedergelegt würden.

Zusammenfassung

Nach einer kurzen Einführung in das Frostproblem selbst, werden die verschiedenen, heute üblichen Prüfverfahren — getrennt nach Gesteinen als *Untergrund* und als *Baustoff* — erläutert. Dabei erfahren eine nähere Besprechung die *Kornkriterien nach* CASAGRANDE und SCHAIBLE und die sog. *Frostschrankversuche.* Zu letzteren werden nähere Angaben über den augenblicklichen Stand der Arbeiten vor allem auch mit ungestörten Proben gemacht. Dann folgt eine kritische Darstellung der bekanntesten Frostbeständigkeitsprüfmethoden für Baustoffe. Es handelt sich dabei um den *Frostversuch nach DIN 53104 C*, das *Wassersättigungsverfahren* und das *Schnellprüfverfahren* nach PFEIFER. Es wird die Bedeutung dieser Verfahren für die Bestimmung der Frostveränderlichkeit von Felsgesteinsuntergrund gewürdigt und abschließend dem Problem der Aufstellung von *Geotechnischen Karteien* und *Karten* nachgegangen.

Literatur

BESKOW, G.: Tjalbildningen och Tjallyftngen (Bodenfrost und Frosthebungen). — Stockholm, 1935.

BREYER, H.: Grundlagen der Prüfung und Bewertung der Frostbeständigkeit natürlicher Gesteine und anderer mineralischer Baustoffe. — Straße und Autobahn, H. 11, 1957.

CASAGRANDE, A.: Bodenuntersuchungen im Dienste des neuzeitlichen Straßenbaues. — Straßenbau 25, H. 3, 1934.

DÜCKER, A.: Untersuchungen über die frostgefährlichen Eigenschaften nichtbindiger Böden. — Forsch.-Arb. aus dem Straßenwesen, Bd. 17, 1939.

— Frosteinwirkung auf bindige Böden. — Straßenjahrbuch, 1939/40.

— Gibt es eine Grenze zwischen frostsicheren und frostempfindlichen Lockergesteinen. — Straße und Autobahn, H. 3, 1956.

— Feldmäßige Erkennungsverfahren zum Benennen der natürlichen mineralischen Bodenarten nach DIN 4022. — Bohrtechnik und Brunnenbau, H. 9/10, 1957, sowie westdt. Frostrichtlinien.

ERLENBACH, L.: in Bodenmechanik und neuzeitlicher Straßenbau. — Volk und Reich VERLAG, 1936.

KEIL, K.: Der dynamische Tragkörper an Straßen. — Bauplanung und Bautechnik (Straßentechnik H. 3, 1956).

— Baugrund und Straße. — Verlag Straße und Tiefbau, Heidelberg 1950,

— in NEUMANN-Neuzeitl. Straßenbau. — 4. Auflage, 1958.

— Geotechnik. — VEB Wilhelm Knapp-Verlag, 3. Auflage, Halle/S. 1958.

KEIL, KLENGEL & STRIEGLER: Wissenschaftliche und praktische Aufgaben der Geotechnik an der Hochschule für Verkehrswesen. — Wiss. Ztschr. Hochschule Verkehrswes., H. 4, 1957.

KLENGEL, K. J.: Frostschädenuntersuchungen an der F 5. — Wiss. Ztschr. Hochschule Verkehrswes., H. 1, 1957.

— Aufbau von Frostpegelstationen in der DDR. — Wiss. Ztschr. Hochschule Verkehrswes., H. 4, 1957.

— Bedeutung der Frostschädenkartei für die Frostforschung. — Bauplanung und Bautechnik (Straßentechnik), H. 3, 1958.

PFEIFER, H.: Schnellverfahren zur Ermittlung der Frostbeständigkeit von Gesteinen und keramischen Erzeugnissen. — Straße und Autobahnen, H. 6, 1956.

POMPER, J.: Zur Frage der Steinbruch- und Lockergestein-Karteien. — Z. angew. Geol., H. 8/9, 1957.

RUCKLI, R.: Der Frost im Baugrund. — Springer-Verlag, Wien 1950.

SCHAIBLE, L.: Frost und Tauschäden an Verkehrswegen und deren Bekämpfung. — W. Ernst und Sohn, Berlin 1957.

SIEDECK, P.: Frostindikator. — Straße und Autobahn, H. 2, 1954.

WINN, H. F.: Frost action in stabilized mixtures. — Proceedings Highway Research Board. Bd. 18, 1938.

Zeitschrift für angewandte Geologie (1958) Heft 8

Über den „Septarienton" von Nennhausen bei Rathenow

WALTER MIELECKE, Berlin

INHALT

I. Einleitung

Die in der Hauptsache ostwestlich angeordneten „Urstromtäler" im mittleren Teile der DDR haben westlich von Berlin einen bemerkenswerten Knotenpunkt. Dort stößt das Thorn-Eberswalder Tal mit dem Warschau-Berliner Tal zusammen, nachdem dieses kurz vor der Vereinigung das von Süden kommende Glogau-Baruther Tal aufgenommen hat.

Die Urstromtäler sind im allgemeinen weit ausgedehnte Talsandflächen mit Meereshöhen bis +30 m NN. Aus ihnen erheben sich da und dort inselartig Grundmoränenplatten mit einer durchschnittlichen Meereshöhe von +35 m NN bis +60 m NN. Auf diese Grundmoränenplatten sind stellenweise Hügelketten mit den morphologischen Formen der Stauch- und Endmoränen aufgesetzt, die Höhen von +100 m NN und darüber erreichen. Im besonderen ragen 15 km nordöstlich von Rathenow steil mit der typischen Morphologie einer Stauchmoräne die kiesigen Hügel des Hohen Rotts und langgestreckt der ebenfalls aus Kiesen und Sanden aufgebaute Zug der Bauern- und Rollberge bis +92 m NN auf. Die Erhebungen liegen in der Südostecke einer flachwelligen, im nördlichen Teil sandigen, im südlichen Teil lehmigen Grundmoränenplatte mit einer mittleren Meereshöhe von etwa +45 m NN.

Die Grundmoränenplatte fällt mit sanften, stark ausgeglichenen Böschungen gegen die westlichen Ausläufer des Havelländischen Luchs und gegen die Niederungen der unteren Havel ab. Da diese Niederungen eine Meereshöhe von höchstens +30 m NN halten, heben sich die morphologischen Formen der Grundmoränenplatte und vor allem die darauf aufgesetzten Hügelketten wirkungsvoll aus ihrer Umgebung heraus. I. H. SCHULTZE (1955) sieht die Grundmoränenplatte als geschlossene naturbedingte Landschaft an und nennt sie zusammenfassend „das Nennhausener Ländchen" (Abb. 1).

Der tiefere Untergrund des Hohen Rotts wird von der refraktionsseismisch erkundeten Antiklinalstruktur Kotzen eingenommen. In Abb. 1 ist die Lage durch drei Isochronen angedeutet. Die langgestreckte, rheinisch streichende Struktur taucht mit steilen Flanken aus Randsenken auf, in denen die Tertiärbasis namentlich nach Norden zu bis in Teufen von mehr als 900 m unter Flur abgesunken ist. Im Westen sind die Höhenunterschiede 100 m bis 150 m größer als im Osten. Die Sattellinie steigt von NO nach SW aus den Randsenken zunächst bis ca. 450 m unter Flur auf, läuft in dieser Höhe einige Kilometer fast horizontal und erreicht nahe der höchsten Erhebung des Hohen Rotts mit 340 m Teufe unter Flur die höchste Stelle der Tertiärbasis. Von dort sinkt sie nach SW zu ganz allmählich wieder auf mehr als 500 m ab. Die Struktur besteht aus einem langgestreckten Zechsteinaufbruch, dessen Flanken sehr wahrscheinlich von mesozoischen Gesteinen bedeckt sind.

II. Die bisherigen Anschauungen über die geologischen Verhältnisse

Die Vorstellungen von der Genese der Grundmoränenplatten im westlichen Brandenburg werden auf Grund der stark überalterten Erläuterungen zur geologisch-agronomischen Karte 1:25000 noch vielfach beherrscht von den mannigfachen Ausführungen G. BERENDTs (1877, [2. Aufl. 1897], 1885, 1888) zu diesem Thema. Die Beobachtungen aus jüngerer und jüngster Zeit und die daraus zu ziehenden abweichenden Schlüsse sind leider nur im Rahmen anderer Themenstellungen, z. T. auch an nicht ohne weiteres zu vermutenden Stellen, mitgeteilt worden und deshalb meist unbeachtet geblieben. Nach K. KEILHACK (1907) und O. SCHNEIDER (1919; 1937; 1941) und anderen sind die Oberflächenformen des Havellandes, insbesondere die Grundmoränenplatten, nicht, wie BERENDT annahm, durch strömendes Wasser erzeugte Erosionsformen, sondern Akkumulationsformen als Ergebnis der formenden Kraft des Inlandeises. Unter der Decke der würm-(weichsel-)eiszeitlichen Ablagerungen schimmert das vorher vorhanden gewesene Relief durch.

Das Hohe Rott auf nahezu kreisförmigem Grundriß und die langgestreckte Hügelkette der Bauern- und Rollberge sind auf den neueren geologischen Übersichtskarten als Gebiete der Sand-, Kies- und Staumoränen bezeichnet. Auf den von F. WAHNSCHAFFE geologisch bearbeiteten und 1888 herausgegebenen Blättern Rathenow und Haage der geologisch-agronomischen Spezialkarte 1:25000 werden, entsprechend dem damaligen Stand der Kenntnis des Pleistozäns, die Schichten dieser Erhebungen als „Unterer Diluvialsand (Spatsand)" bezeichnet. Auf dem Hohen Rott sind überdies noch in einzelnen Flächen „Unterer Diluvialmergel" und „Oberer Diluvialmergel" ausgeschieden. Ohne den

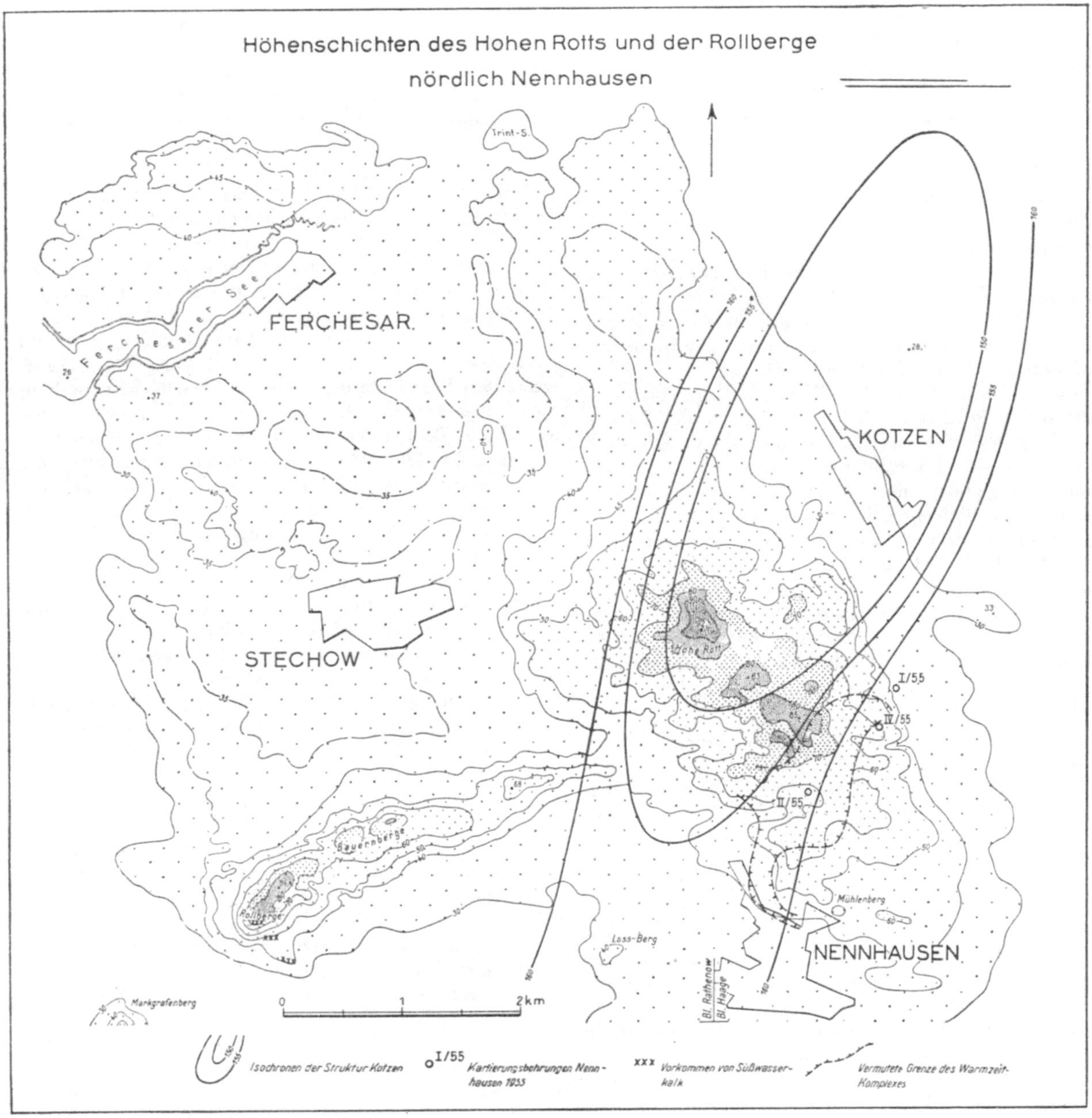

Abb. 1. Südöstlicher Teil des „Nennhausener Ländchens“

weiter unten zu erörternden Fragestellungen hier vorzugreifen, kann nach neuerer Terminologie angenommen werden, daß ein dünner Schleier würm-(weichsel-)eiszeitlicher Ablagerungen die gesamte Oberfläche der Grundmoränenplatte und der darauf aufgesetzten Erhebungen bedeckt.

Am Südosthang des Hohen Rotts ist noch zu Beginn dieses Jahrhunderts rechts und links des Weges von Nennhausen nach Kotzen Ziegelton abgebaut worden. Den blaugrauen bis bräunlichen, deutlich geschichteten Ton hielt WAHNSCHAFFE trotz fehlender Fossilien für mittel-oligozänen Septarienton, der in seinen obersten Schichten bereits vor Ablagerung der pleistozänen Schichten entkalkt gewesen sei und dem zwar kohlensaurer Kalk und Feldspatkörnchen fehlen, dem aber zahlreiche Glimmerschüppchen beigemengt sind. Ferner beobachtete er unter $1^1/_2$ m bis 2 m Geschiebelehm und über dem Ton eine 2 m mächtige Bank kalkfreier Diatomeenerde, der er ein präglaziales Alter zuschrieb.

III. Die neueren Untersuchungen

1. Die mikropaläontologische Untersuchung durch W. RETTSCHLAG

Eine nach Aufsammlungen des Verfassers in den damals allein zugänglichen aufgelassenen Tongruben von W. RETTSCHLAG (1953) vorgenommene Untersuchung ergab jedoch eindeutig, daß die Diagnose „Septarienton“ nicht zutreffen kann. Es fanden sich Pflanzenreste, darunter verschiedene Früchte und Samen sowie Hartteile von Tieren. Diese Lebensspuren beweisen, daß die Tone Süßwassersedimente sind. Die auffälligsten Organismenreste der fossilen Flora sind die Makrosporen des Wasserfarnes *Azolla filiculoides*, die damit zum ersten Male im westlichen Brandenburg beobachtet wurden. Allgemein gilt *Azolla filiculoides* als Leitfossil für die

Mindel/Riß-(Holstein-)Warmzeit. Vergleiche hierzu u. a. FLORSCHÜTZ (1957). Die Azolla führenden Tone des Hohen Rotts sind also trotz ihrer stark abweichenden Höhenlage über NN den Paludinenschichten der Berliner Gegend und deren Äquivalenten gleichaltrig, in denen übrigens neuerdings die früher unbeachtet gelassenen Azollen ebenfalls festgestellt worden sind.

2. Die Lagerstättenbohrungen

Im Jahre 1952 wurden westlich des Weges nach Kotzen Bohrungen auf Ziegelton und Kieselgur niedergebracht, die im Jahre 1955 durch solche mit einer maximalen Teufe von ca. 40 m ergänzt wurden, um eine größere Lagerstätte an brauchbaren, vielleicht durch die Verwendung von Kieselgur sogar besonders hochwertigen Rohstoffen zu erkunden.

Über die bauwürdige Ton-Kieselgur-Lagerstätte berichtete W. MEHNER (1953[a]; 1953[b]; 1957). Danach wird die in mehrere Sättel aufgestauchte Ton, Kieselgur und Seekreide führende Lagerstätte von einer zusammenhängenden, aber in der Mächtigkeit schwankenden Geschiebemergel- bzw. Geschiebesanddecke diskordant überlagert. Das Alter der warmzeitlichen Schichten bestimmt MEHNER auf Grund des Vorkommens der Makrosporen von *Azolla filiculoides* als Mindel/Riß-(Holstein-)Warmzeit. Der erhebliche Höhenunterschied von 60 bis 80 m gegenüber der durchschnittlichen Höhenlage benachbarter gleichaltriger Ablagerungen soll auf die Lage in einem Stauchmoränengebiet zurückzuführen sein.

3. Die Kartierungsbohrungen und deren stratigraphische Ergebnisse

Da verschiedene stratigraphische Unklarheiten bestanden, unter denen auch der letzterwähnte Höhenunterschied nicht die geringste war, wurden in der zweiten Hälfte des Jahres 1955 nördlich von Nennhausen drei Kartierungsbohrungen niedergebracht, die nicht nur die Stratigraphie des Hohen Rotts im allgemeinen und der Ton-Kieselgur-Lagerstätte im besonderen klären, sondern auch der stratigraphischen Gliederung der älteren pleistozänen Schichten zwischen dem Elbe-Havel-Winkel im Westen und dem Raum Berlin im Osten als Grundlage dienen sollten. Sie sind in einer etwa Nordost-Südwest streichenden Linie angeordnet. Man hoffte, Geschiebemergel aller drei Vereisungen und außerdem Ablagerungen der entsprechenden Warmzeiten im Verbande übereinander zu erbohren und die Grenze zwischen Pleistozän und Tertiär zu erreichen.

Es muß hier gleich vorweggenommen werden, daß dieses Ziel nicht erreicht worden ist; die Bohrungen ergaben aber bemerkenswerte Lagerungsverhältnisse, die nur durch salztektonische Vorgänge erklärt werden können.

a) Die Bohrung I/55

Die Bohrung I/55 wurde am Fuße der Grundmoränenplatte gegen das Havelländische Luch in + 36,5 m NN angesetzt. Sie durchsank zunächst Sand- und Torfschichten. Es sind dies Teile eines unmittelbar östlich der Bohrstelle liegenden holozänen Moores, das durch den Schwemmkegel eines dort auslaufenden Trockentales überdeckt ist. Das sichere Pleistozän der Bohrung beginnt in 9,6 m Teufe mit einer 14 m starken Schicht einer blaugrauen, sehr sandigen Grundmoräne mit nur kleinen, vereinzelten Geschieben und nur mäßigem Kalkgehalt über kalkfreien grauen Mittel- bis Grobsanden und bunten Fein- und Grobkiesen, die wahrscheinlich Vorschüttungssande der hangenden Grundmoräne sind. Darunter, von 36,4 m bis 59,6 m Teufe, wechseln Feinsand, Schluff und sehr fetter, zäher Ton miteinander ab. Bräunliche Pflanzenreste und marineblauer Vivianit sind schon mit bloßem Auge erkennbar und weisen auf eine warmzeitliche Ablagerung hin.

Frau LEA DIEBEL (1958) untersuchte aus dieser Serie insgesamt 23 Proben mikropaläontologisch. Neben unbestimmbaren Pflanzenresten, die in nahezu allen Proben vorkommen, fanden sich in verschiedenen Teufen Megasporen von *Azolla filiculoides*, Diatomeen, Coniferenpollen, Ostrakoden und Fischreste.

Das Ergebnis stimmt sowohl im ganzen als auch im einzelnen mit der von W. RETTSCHLAG (1953) aufgestellten Fossilliste des nahe der Oberfläche anstehenden Tones überein. Die Verteilung der Fossilien auf die einzelnen Teufen kann aus der Abb. 2 entnommen werden. Es fällt dabei auf, daß die Megasporen von Azolla einerseits und die Diatomeen mit den Coniferenpollen andererseits an verschiedene Horizonte innerhalb der warmzeitlichen Ablagerungen gebunden zu sein scheinen.

W. SCHWARZENHOLZ führte eine Untersuchung auf Diatomeen durch, bei der er von 36,4 bis 51,2 m Teufe keine Diatomeen, wohl aber Spongien-Nadeln fand. Bei 52,2 m sind Diatomeen sehr selten; von 53,2 m bis 56,9 m kommen Süßwasser-Diatomeen, Pollen und Spongien-Nadeln vor. Von 56,9 m bis 58,6 m finden sich unter den Diatomeen auch halophile Formen, während das unterste Meter des warmzeitlichen Schichtkomplexes wieder frei von Diatomeen ist.

Zu beachten ist die Höhenlage der warmzeitlichen Schichtenserie zu NN. Sie reicht von + 0,1 m NN bis − 23,1 m NN. Dies entspricht noch etwa den im Berliner Raum allgemein beobachteten Höhenverhältnissen der Ablagerungen der Mindel/Riß-Warmzeit. (HECK 1930, GENIESER 1955).

Unter den warmzeitlichen Schichten folgt nach der Tiefe zu wieder ein echt glazialer Komplex aus mehr oder minder groben Sanden und Kiesen, der zwischen 82,8 und 88,9 m Teufe in eine graue, sehr zähe, schwach kalkige Grundmoräne ohne größere Geschiebe, aber mit Kohleflittern und da und dort nach dem Liegenden zu mit Schluff- und Feinsandlagen übergeht. In dieser Teufe (− 52,4 m NN) mußte die Bohrung infolge technischer Mängel eingestellt werden.

b) Die Bohrung IV/55

In der Richtung des geplanten Schnittes durch das Gelände von Nordnordost nach Südsüdwest folgt dann die Bohrung IV/55. Der Ansatzpunkt liegt auf + 60 m NN nahe dem hier ziemlich steilen Abfall des Hohen Rotts gegen das Havelländische Luch.

Bis zur Teufe von 41,2 m besteht die Schichtenfolge aus eiszeitlichen Sanden und Kiesen, in die von 14,7 m bis 38,7 m eine tonige, kalkige blaugraue Grundmoräne eingebettet ist. Die Schichten enthalten z. T. auch größere Geschiebe, die namentlich in der Grundmoräne den Bohrvorgang sehr erschwerten. Daraus folgt, daß die Bohrung im Zuge einer stark kiesigen Eisrandlage des Hohen Rotts steht, die sich u. a. auch an der Oberfläche durch die Anhäufung großer Blöcke verrät und bis + 92,1 m NN aufragt. Die Schichtenfolge schließt ab mit 2,5 m grauem Mittel- bis Grobsand, der nach dem Liegenden zu in Feinkies übergeht.

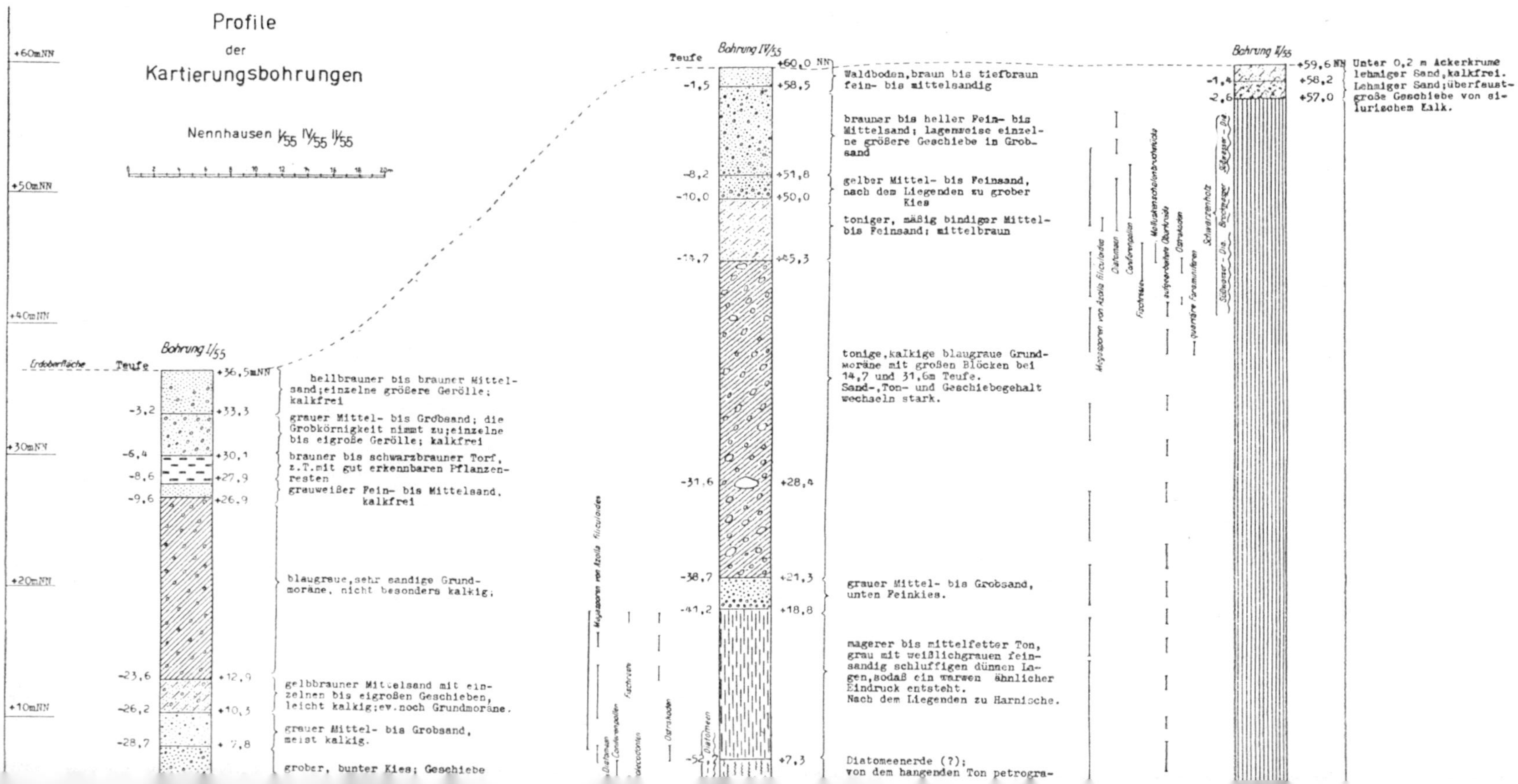

Profile
der
Kartierungsbohrungen
Nennhausen I/55 IV/55 II/55
+60mNN
+50mNN
+40mNN
+30mNN
+20mNN
+10mNN
Erdoberfläche
Teufe
Bohrung I/55
+36,5mNN
hellbrauner bis brauner Mittelsand; einzelne größere Gerölle; kalkfrei
-3,2 +33,3
grauer Mittel- bis Grobsand; die Grobkörnigkeit nimmt zu; einzelne bis eigroße Gerölle; kalkfrei
-6,4 +30,1
brauner bis schwarzbrauner Torf, z.T. mit gut erkennbaren Pflanzenresten
-8,6 +27,9
grauweißer Fein- bis Mittelsand, kalkfrei
-9,6 +26,9
blaugraue, sehr sandige Grundmoräne, nicht besonders kalkig;
-23,6 +12,9
gelbbrauner Mittelsand mit einzelnen bis eigroßen Geschieben, leicht kalkig; ev. noch Grundmoräne.
-26,2 +10,3
grauer Mittel- bis Grobsand, meist kalkig.
-28,7 + 7,8
grober, bunter Kies; Geschiebe
Megasporen von Azolla filiculoides
Diatomeen
Coniferenpollen
Fischreste
Ostracoden
Teufe
Bohrung IV/55
+60,0 NN
Waldboden, braun bis tiefbraun fein- bis mittelsandig
-1,5 +58,5
brauner bis heller Fein- bis Mittelsand; lagenweise einzelne größere Geschiebe in Grobsand
-8,2 +51,8
gelber Mittel- bis Feinsand, nach dem Liegenden zu grober Kies
-10,0 +50,0
toniger, mäßig bindiger Mittel- bis Feinsand; mittelbraun
-14,7 +45,3
tonige, kalkige blaugraue Grundmoräne mit großen Blöcken bei 14,7 und 31,6m Teufe. Sand-, Ton- und Geschiebegehalt wechseln stark.
-31,6 +28,4
-38,7 +21,3
grauer Mittel- bis Grobsand, unten Feinkies.
-41,2 +18,8
magerer bis mittelfetter Ton, grau mit weißlichgrauen feinsandig schluffigen dünnen Lagen, sodaß ein warven ähnlicher Eindruck entsteht. Nach dem Liegenden zu Harnische.
Diatomeen
+7,3
Diatomeenerde (?); von dem hangenden Ton petrogra-
Megasporen von Azolla filiculoides
Diatomeen
Coniferenpollen
Fischreste
Molluskenschalenbruchstücke
aufgearbeitete Oberkreide
Ostracoden
quartäre Foraminiferen
Schwarzenholz
Süßwasser - Dia.
Brackwasser
Bohrung II/55
+59,6 NN
Unter 0,2 m Ackerkrume lehmiger Sand, kalkfrei.
-1,4 +58,2
Lehmiger Sand; überfaustgroße Geschiebe von silurischem Kalk.
-2,6 +57,0

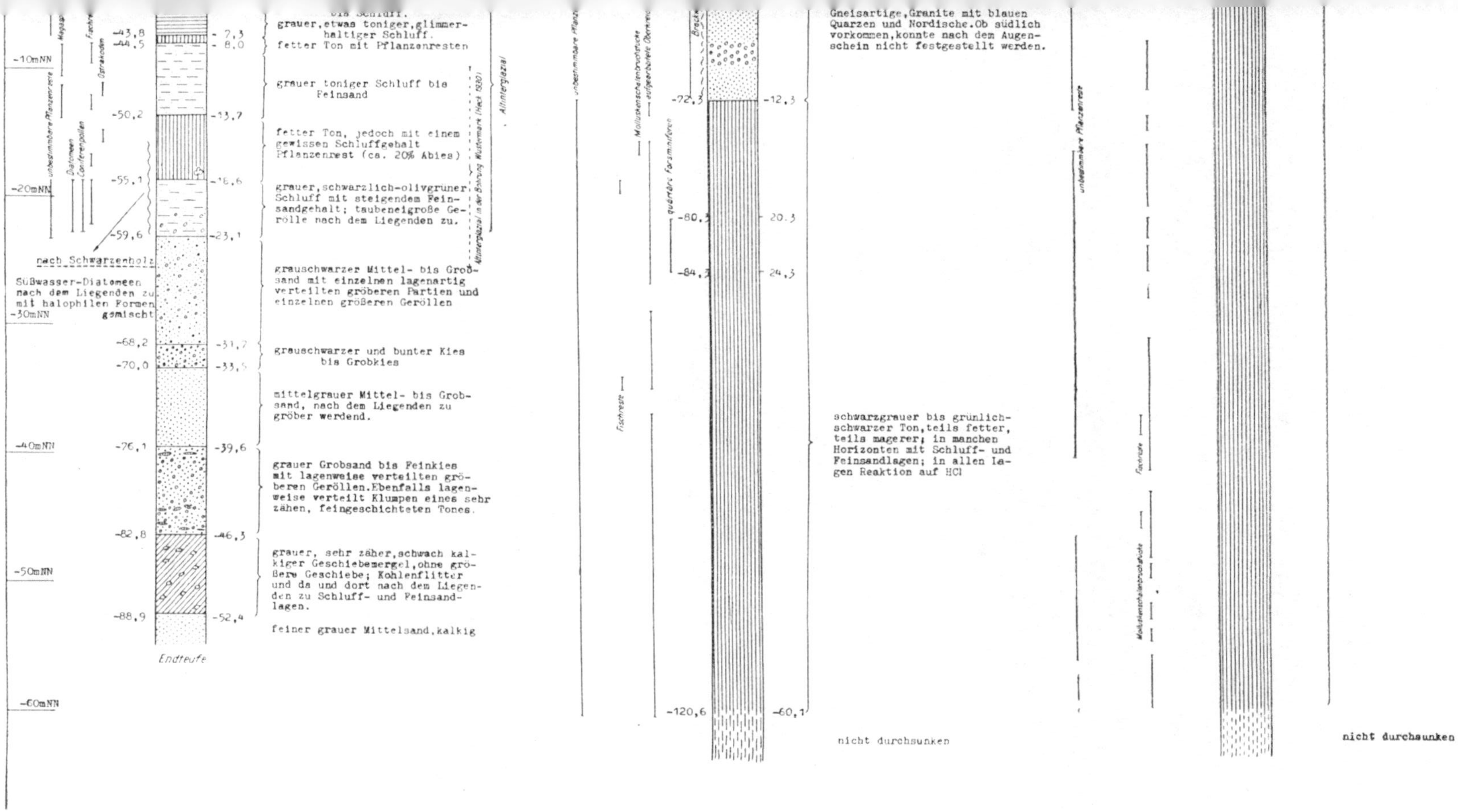

-10mNN
-20mNN
-30mNN
-40mNN
-50mNN
-60mNN
-43,8
-44,5
-50,2
-55,1
-59,6
-68,2
-70,0
-76,1
-82,8
-88,9
- 7,3
- 8,0
-13,7
-16,6
-23,1
-31,7
-33,5
-39,6
-46,3
-52,4
Endteufe
bis Schluff.
grauer, etwas toniger, glimmerhaltiger Schluff.
fetter Ton mit Pflanzenresten
grauer toniger Schluff bis Feinsand
fetter Ton, jedoch mit einem gewissen Schluffgehalt Pflanzenrest (ca. 20% Abies)
grauer, schwärzlich-olivgrüner Schluff mit steigendem Feinsandgehalt; taubeneigroße Gerölle nach dem Liegenden zu.
nach Schwarzerholz
Süßwasser-Diatomeen nach dem Liegenden zu mit halophilen Formen gemischt
grauschwarzer Mittel- bis Grobsand mit einzelnen lagenartig verteilten gröberen Partien und einzelnen größeren Geröllen
grauschwarzer und bunter Kies bis Grobkies
mittelgrauer Mittel- bis Grobsand, nach dem Liegenden zu gröber werdend.
grauer Grobsand bis Feinkies mit lagenweise verteilten größeren Geröllen. Ebenfalls lagenweise verteilt Klumpen eines sehr zähen, feingeschichteten Tones.
grauer, sehr zäher, schwach kalkiger Geschiebemergel, ohne größere Geschiebe; Kohlenflitter und da und dort nach dem Liegenden zu Schluff- und Feinsandlagen.
feiner grauer Mittelsand, kalkig
-72,3
-80,3
-84,3
-120,6
-12,3
20,3
24,3
-60,1
Gneisartige, Granite mit blauen Quarzen und Nordische. Ob südlich vorkommen, konnte nach dem Augenschein nicht festgestellt werden.
schwarzgrauer bis grünlichschwarzer Ton, teils fetter, teils magerer; in manchen Horizonten mit Schluff- und Feinsandlagen; in allen Lagen Reaktion auf HCl
nicht durchsunken
nicht durchsunken

Von 41,2 m bis 58,3 m Teufe sind die schluffig-tonigen Schichten wieder in einer Warmzeit entstanden. Besonders bemerkenswert ist hier ein von dem Ton petrographisch stark abweichender, verhältnismäßig leichter grünlichgrauer Schluff ohne deutliche Schichtung. Er ist sehr bröcklig und zeigt Vivianitspuren. Aus dieser Bohrung wurden insgesamt 65 Proben untersucht, deren Entnahmestellen durchschnittlich einen Meter Abstand halten. In der Fossilführung der Proben des petrographisch mit freiem Auge nicht zu unterscheidenden Tones aus verschiedenen Teufen besteht ein bemerkenswerter Unterschied.

Unbestimmbare Pflanzenreste kommen in allen Schichten vor; fast ebenso häufig ist aufgearbeitete Oberkreide. Während aber die Fossilliste der Schichten von 41,2 bis 58,3 m durchaus der Fossilliste aus der Bohrung I/55 entspricht, nur daß hier noch Scolecodonten hinzutreten, sind die Schichten von 58,3 m bis 120,60 m, abgesehen von ganz vereinzelten Fischresten und unbestimmbaren Molluskenschalenbruchstücken, völlig fossilleer. Die Verteilung der Fossilien zeigt Abb. 2. Während also in den Schichten von 41,2 bis 58,3 m auf ein reiches Tier- und Pflanzenleben geschlossen werden kann, ist der schwarzgraue bis grünlichschwarze, teils fettere, teils magerere, von Schluff- und Feinsandlagen durchsetzte, etwas kalkige Ton offenbar unter Bedingungen abgesetzt worden, die einem Tier- und Pflanzenleben nicht besonders günstig waren. Um so auffälliger sind in diesem sterilen Ton zwischen 80,3 und 84,3 m Teufe Foraminiferen, und zwar verschiedene Arten von Elphiden. Frau L. DIEBEL bemerkt dazu, daß diese Foraminiferen an und für sich keine zwingende stratigraphische Beweiskraft haben, daß es sich im vorliegenden Falle aber wohl um pleistozäne Foraminiferen handeln dürfte.

Eine von W. SCHWARZENHOLZ durchgeführte gleichlaufende Untersuchung auf Diatomeen ergab zwischen 50,3 m und 54,7 m Süßwasser-Diatomeen, während von 54,7 bis 72,3 m Brackwasserformen das Bild beherrschen. Es ist also eine allmähliche Verbrackung zu beobachten, die zwanglos zu den rein marinen Foraminiferen überleitet.

MEHNER (1957) beobachtete in den Lagerstättenbohrungen ebenfalls brackische Schichten mit reichlichem Schwefelkies, Spuren von Glaukonit und zahlreichen Pollen von Nadelhölzern, aber keine Foraminiferen. Auch aus diesen Angaben kann auf ungünstige Lebensbedingungen geschlossen werden.

c) Die Bohrung II/55

Das durch die Bohrungen zu erkundende Nordost-Südwest-Profil endet in der Bohrung II/55. Sie steht in der Mitte der durch die Lagerstättenbohrungen und die alte Ziegeleigrube umschriebenen Fläche des warmzeitlichen Süßwasserbeckens; Ansatzpunkt +59,6 m NN. Das Ergebnis war überraschend: Unter 2,6 m Sand ohne größere Geschiebe wurden bis 120,9 m unter Flur, also in einer Mächtigkeit von 118,3 m, nur Tonschichten durchsunken. In dieser Teufe (−61,3 m NN) mußte die Bohrung eingestellt werden, weil die Kapazität des Bohrgerätes völlig ausgeschöpft war, ohne das Liegende des Tones zu erreichen.

Aus dieser Bohrung wurden insgesamt 122 Proben bearbeitet. Die in den obersten 25 m des Tones gefundenen Fossilien stimmen mit den in den Bohrungen I/55 und IV/55 sowie mit den von W. SCHWARZENHOLZ bei der mikropaläontologischen Bearbeitung der Lagerstättenbohrungen festgestellten überein. Besonders zu erwähnen sind hier wieder die quartären Foraminiferen in 21,00 bis 22,00 m Teufe. Von etwa 25 m Teufe an bis zur Endteufe kommen außer Pflanzenresten und aufgearbeiteter Oberkreide, die kaum in einer Probe fehlen, nur je einmal in größerer Teufe kümmerliche Fischreste und unbestimmbare Molluskenschalenbruchstücke vor. Bei geoelektrischen Messungen sprechen die beiden Tonsorten verschieden an. Der fossilhaltige Ton dürfte im Durchschnitt einen spezifischen Widerstand von ca. 40 Ohmmetern haben, während der fossilleere einen solchen von nur etwa 20 Ohmmetern zeigt.

4. Das Alter des fossilarmen Tones

Die Frage nach dem Alter des unteren, sehr fossilarmen Tones muß so lange unbeantwortet bleiben, bis eine 500-m-Bohrung, die in unmittelbarer Nähe der Bohrung II/55 bereits geplant ist, tiefere Schichten und möglichst die Tertiärunterkante erreicht hat. Die Tertiärunterkante ist nach den Ergebnissen der refraktionsseismischen Messungen etwa in einer Teufe von 350 bis 400 m zu erwarten, da die Bohrung II/55 an der Flanke der maximal bis 340 m unter Flur aufragenden Antiklinalstruktur Kotzen nahe der Sattelachse niedergebracht worden ist.

5. Die Höhenlage der Mindel/Riß-(Holstein-) Warmzeitschichten am Hohen Rott im Verhältnis zu der näheren und weiteren Umgebung

Nach der Karte bei HECK (1930, Tafel 8) hält die Oberkante der Paludinenschichten trotz aller Unterschiede im einzelnen bei 48% aller Bohrungen eine Höhenlage zwischen −10 m NN und −15 m NN. In 37% aller weiteren bekannten Fälle liegt die Teufe der Oberkante zwischen −15 m NN und −20 m NN. Dabei tritt in der horizontalen Verteilung der Teufen ein Gefälle von Osten nach Westen deutlich zutage. Die Paludinenschichten und ihre Äquivalente gehören in die Mindel/Riß-Warmzeit. Als das den Bohrungen in Nennhausen am meisten benachbarte Beispiel kann die Bohrung vom Verschiebebahnhof Wustermark (1928) dienen, in der das entsprechende Schichtenpaket von −10 m bis −26 m NN angetroffen worden ist. Neuere Bohrungen in Phöben und Ketzin ergaben ebenfalls Tiefenlagen von −10 m NN bzw. −30 m NN. Auch in Wusterhausen a. D. liegt die Oberkante entsprechender Schichten bei durchschnittlich −20 m NN, in der Altmark einmal bei −28,7 m NN, an einer anderen Stelle bei −14,5 m NN. Aus diesem weitgespannten Rahmen fällt die Höhenlage der warmzeitlichen Schichten am Hohen Rott völlig heraus.

Am besten schließen sich noch die entsprechenden Schichten der Bohrung I/55 an die allgemeine Tendenz an, obwohl die Lage ihrer Oberkante mit +0,1 m NN sonst nicht vorkommt.

Die Höhenlage der entsprechenden Schichten in der Bohrung IV/55 (+1,7 m NN bis +18,8 m NN) hat auch nur entfernt keine Parallele mehr, selbst wenn man die Zugehörigkeit der Schichten von 58,3 bis 72,3 m Teufe offen läßt, weil in den sandig-kiesigen Schichten einerseits lagenweise bis hühnereigroße nordische Gerölle nicht selten sind, andererseits SCHWARZENHOLZ darin brackische Diatomeen gefunden hat. Entweder handelt es sich also um eine deltaähnliche Schüttung in das warmzeitliche Brackwasserbecken oder um eine kaltzeitliche sandig-kiesige Ablagerung, der in der Bohrung aber jeder Anschluß an eine Grundmoräne oder dergl.

fehlen würde und in der diatomeenführende Schichten aufgearbeitet sein müßten.

Ganz ungewöhnlich ist die Höhenlage der Warmzeitschichten in der Bohrung II/55 zwischen +33,6 m NN und + 57,0 m NN. Man könnte allerdings zunächst auch annehmen, daß auf einer wahrscheinlich von der Mindel-Eiszeit zurückgelassenen horstartigen Erhebung etwa in der heutigen Höhenlage ein Süßwasserbecken limnische Ablagerungen abgesetzt habe. Damit ist jedoch der durch die mikropaläontologischen Untersuchungen festgestellte Einschlag einer Salzwasserflora nicht vereinbar. Die Salzflora tritt in den Lagerstättenbohrungen in zwei je 2 bis 3 m starken, durch ein 9 m starkes Zwischenmittel mit Süßwasserformen getrennten Horizonten auf. Außerdem wurden zwischen +37,6 m NN und +38,6 m NN die quartären Foraminiferen wieder angetroffen. Es muß also eine zeitweilige Überflutung durch Salzwasser stattgefunden haben, da ein Salzwasseraufstieg aus der Zechsteinstruktur im Untergrund die hangenden Schichten gleichmäßiger durchfeuchtet und damit den Salzwasserformen allgemein günstigere Lebensbedingungen geboten haben müßte. Auch von anderen Stellen des westlichen Brandenburg sind brackische Horizonte der Mindel/Riß-Warmzeit bekannt; sie liegen aber durchweg unter NN, beispielsweise im Mittel in Phöben −16 m NN und in der Altmark −33 m NN, und stehen offenbar in Zusammenhang mit den marinen Ingressionen im Hamburger Elbegebiet. Dazu war es aber nötig, daß die Schichten damals im allgemeinen Niveau dieser Transgressionen lagen.

a) Gründe für die Vermutung auf Eistektonik

Die Einfügung der warmzeitlichen Schichten in das Gebiet einer Stauchmoräne läßt zunächst vermuten, daß die Schichten durch das Inlandeis zu ihrer heutigen Höhenlage aufgestaucht seien. Dagegen ist einzuwenden, daß in

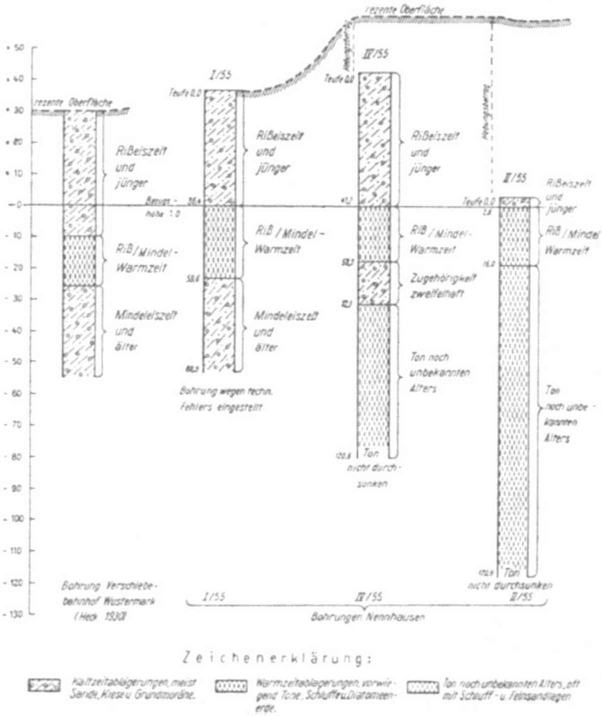

Abb. 3. Schichtenfolge bezogen auf die Oberfläche der Ablagerungen Riß/Mindel-Warmzeit in der Bohrung I/55

vorliegendem Falle nach allen mikropaläontologischen Untersuchungen die Mikrofossilien nur in den jeweils obersten Schichten nachgewiesen werden konnten, während man doch erwarten müßte, daß das Eis die fossilhaltigen und die fossilfreien Schichten stärker durcheinander geknetet hätte. Daß die eigentliche Lagerstätte durch Eisdruck überformt ist, dürfte in diesem Zusammenhange nebensächlich sein.

b) Gründe für die Vermutung auf Salztektonik

Wesentlich schlüssiger scheint die Annahme, daß die unterschiedliche Höhenlage der warmzeitlichen Schichten in jüngeren salztektonischen Vorgängen im Untergrund ihre Ursache hat.

Um aber derartige Vorgänge und deren Wirkung auf das glaziale Geschehen einwandfrei erkennen zu können, reichen morphologische Methoden allein nicht aus. Vielmehr muß es ein eindeutiger Bezugshorizont ermöglichen, Senkungs- oder Hebungsvorgänge klar zu erkennen. Treten dann noch Unregelmäßigkeiten im Verlauf der Eisrandlagen o. ä. hinzu, so kann man folgern, daß das vordringende Inlandeis wenigstens zeitweilig gehemmt und zu Richtungsänderungen, Eiskerben-, Loben- oder Spaltenbildungen u. ä. gezwungen worden ist.

Den Bezugshorizont liefern in diesem Fall die Warmzeitschichten, während mikromagnetische Messungen auf den morphologischen Erhebungen deren glazigene Aufschüttungsvorgänge deutlich werden lassen.

Nimmt man ohne Rücksicht auf die weitere Umgebung für das Hohe Rott die Oberkante der warmzeitlichen Schichten in der Bohrung I/55 als Bezugshorizont an (daß er hier sehr nahe mit ±0 m NN zusammenfällt, ist an sich belanglos), so sind die warmzeitlichen Schichten in der Bohrung IV/55 auf eine Entfernung von rd. 350 m um rund 18 m und in der Bohrung II/55 auf etwa 1,15 km um rund 58 m gehoben (Abb. 3). Die Oberkante ist als Bezugshorizont deshalb gewählt worden, weil sie die Warmzeitschichten petrographisch scharf von dem glazigenen Hangenden trennt, während die Unterkante gegen den Ton fraglichen Alters unsicher ist. Die Oberkante kann, wie die Fossilien beweisen, vom Eise nur unwesentlich beeinflußt sein.

Die Hebung der Mindel/Riß-Warmzeitschichten ergibt, daß als frühester Zeitpunkt dafür der Beginn der Riß-Vereisung in Betracht kommt. Ob man als Ursache des Salzaufstiegs etwa nach GRIPP (1952) die Bindung des Grundwasserstromes durch den eiszeitlichen Dauerfrostboden oder die ungleichmäßige Eisbelastung der Flanken der rheinisch streichenden Struktur annimmt, ist gegenüber der klar erkennbaren Tatsache der Hebung selbst in unserem Zusammenhang von geringer Bedeutung.

6. Der emporgehobene Tonklotz als Nunatak

Auf jeden Fall bildete der massive Klotz des Tones, der die andernorts noch heute an der Höhenlage zu NN der warmzeitlichen Schichten weithin erkennbare, mehr oder minder horizontale Landoberfläche der Mindel/Riß-Warmzeit bedeutend überragte, für das vordringende Inlandeis der Riß-(Saale-)Eiszeit ein erhebliches Hindernis. Er veranlaßte zunächst die Bildung einer endmoränenartigen Stauchmoräne, eben des Hohen Rotts, und zwang dann das Eis, ihn gewissermaßen als einen Nunatak zu umfließen. In der Spalte zwischen den beiden Loben, die dadurch entstanden, strömten die Schmelzwasser von der Stauchmoräne ab

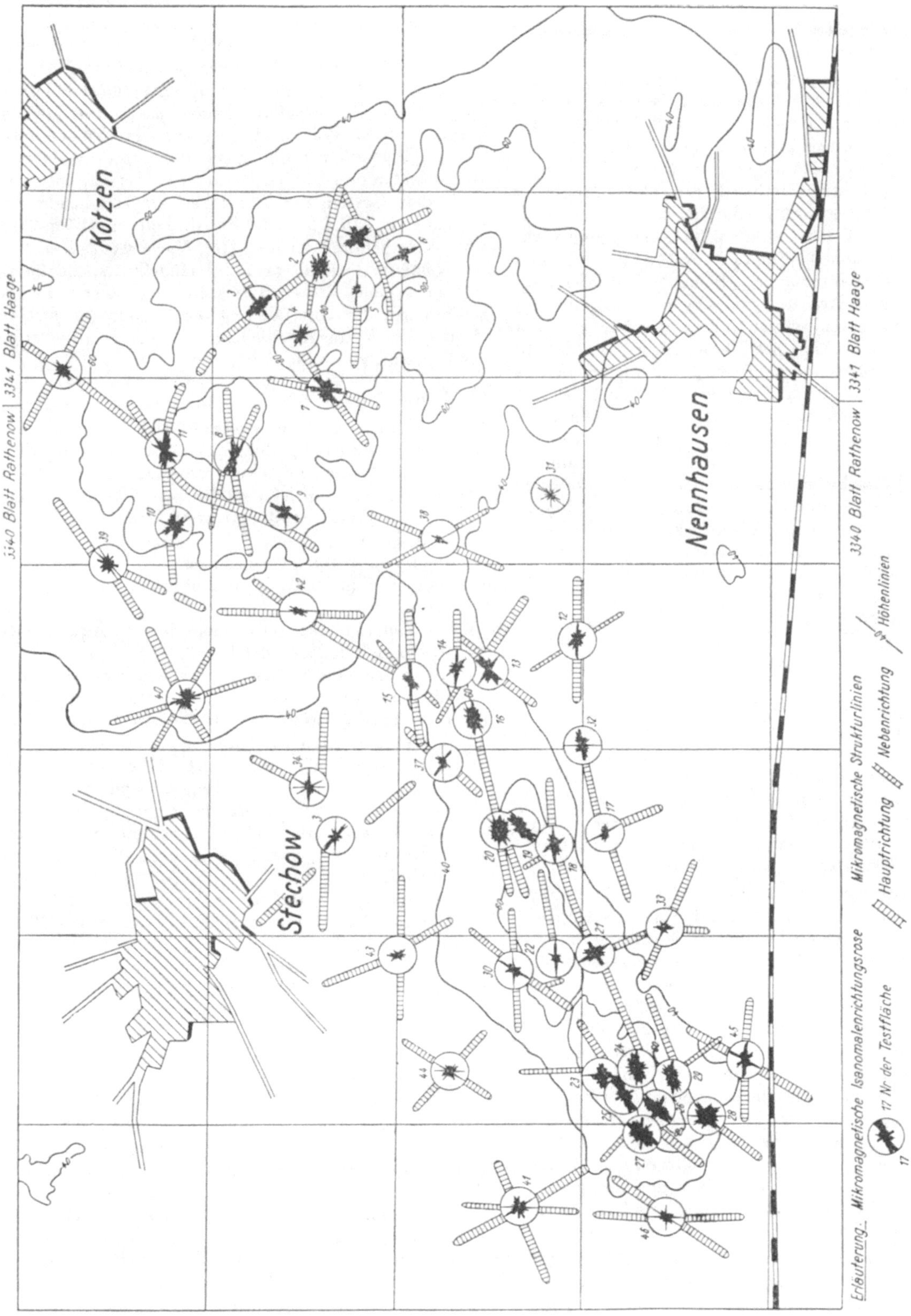

Abb. 4. Ergebniskarte der mikromagnetischen Messungen im Gebiet des Hohen Rotts und der Roll- und Bauernberge. Messung: VEB Geophysik; Truppleiter F. POHLERS. Auswertung I. BERGER, R. WENDLER

und bildeten den langgestreckten, kames- oder oserartigen, bis +86,8 m NN ansteigenden Zug der Bauern- und Rollberge, der stellenweise in einem scharfen, nur wenige Meter breiten Grat ausläuft.

7. Die aus den Ergebnissen der mikromagnetischen Messungen zu ziehenden Folgerungen

Diese zunächst hypothetisch scheinende Vermutung wird zur Gewißheit durch die Ergebnisse mikromagnetischer Messungen (zur Methodik vergl. LAUTERBACH 1953/1954) im Gebiet des Hohen Rotts und der Bauern- und Rollberge. Die Messungen wurden von der Hauptabteilung Prospektionsmethodik des VEB Geophysik (Leitung R. LAUTERBACH) durchgeführt. Die Feldarbeiten leitete H. POHLERS, an der Auswertung wirkten I. BERGER und R. WENDLER mit. Auf dem Hohen Rott folgen die mikromagnetischen Strukturlinien dem morphologischen Streichen und zeigen im allgemeinen das auch aus anderen Stauch- und Endmoränengebieten bekannte Bild. Im Zuge der Kames- bzw. Oserbildung der Bauern- und Rollberge liegen die Strukturlinien in der erwarteten Schüttungsrichtung. In der Testfläche 28 spricht sich das wirre Auseinanderlaufen der Strömungsrichtungen am Ende eines Oszuges deutlich aus (Abb. 4).

Der Arbeitshypothese „Kames- bzw. Oser-Bildung" scheint die Tatsache zu widersprechen, daß an der Südostflanke der Rollberge ziemlich umfangreiche, bis zu 1 m starke Schollen von Süßwasserkalk sich auf eine horizontale Entfernung von etwa 500 m zwischen + 35 m NN und + 80 m NN mantelartig an den Berghang anschmiegen. Ausdehnung und Mächtigkeit der Schollen wurden durch Schürfe und Handbohrungen ermittelt. Über die Ergebnisse im einzelnen wird an anderer Stelle berichtet werden. Petrographisch zeigen sie alle Übergänge zwischen schwarzgrauem, schmierigem Mergel und hellgelbem, fast klingend hartem Kalkstein und sind weder mit den kalkigen Partien der Warmzeitschichten in der Lagerstätte am Hohen Rott, wo diese Partien häufig die Fazies der Seekreide haben, noch mit den Schichten in den Kartierungsbohrungen vergleichbar. Auch WAHNSCHAFFE ist dieser Unterschied aufgefallen, obwohl er damals nur ganz oberflächennahe Schichten vergleichen konnte.

In den niedrigen Lagen sind die Schollen durch Eisdruck von Südosten bzw. Osten her gestaucht. Der durch die Fossilführung als limnische Bildung ausgewiesene Süßwasserkalk kann sich nicht in seiner heutigen, geneigten, der Gestalt des Hügelzuges konformen Lage gebildet haben. Die schmale Hügelkette bietet auch kein hinreichend großes Einzugsgebiet für kalkhaltige Lösungen, die sich am Hang hätten niederschlagen können, zumal in den rein sandigen und kiesigen Schichten aufgearbeitete Schreibkreide und sonstige kalkige Geschiebe in genügender Menge von vornherein nicht vorhanden gewesen sein dürften. WAHNSCHAFFE verlegt den „kuppelförmigen Aufbau der Schichten" in die Zeit „nach Ablagerung des Unteren Sandes" und sieht in der „Aufpressung" die Ursache für die abnorme Lagerung.

Aus den Testflächen 17 und 21 der Abb. 4 und anderen läßt sich ablesen, daß die Schollen des Süßwasserkalkes in gefrorenem Zustand durch einen aus dem Raum Nennhausen vordringenden Eisstrom an die in der Hauptsache bereits vorhanden gewesene Hügelkette angelagert worden sind. Der Raum, aus dem die Schollen stammen, ist bisher nicht bekannt.

WOLDSTEDT (1955) weist auf die von WAHNSCHAFFE aus dem westlichen Brandenburg mitgeteilten Fundorte und Fundschichten von Süßwasserfaunen und Diatomeenvorkommen hin und fügt hinzu, daß sie „sich aber stratigraphisch nicht sicher einordnen lassen".

Demgegenüber scheint nunmehr doch ein Fortschritt erzielt worden zu sein. Bei einer ganzen Anzahl der von WAHNSCHAFFE angegebenen Fundstellen handelt es sich ganz offenbar um Streufunde einzelner Fossilien aus aufgearbeiteten Warmzeitschichten. Die hier behandelten, umfangreichen Schollen aus Süßwasserkalk dagegen sind zwar an den Rollbergen auch ortsfremd, haben jedoch den Gesteinsverband ihrer ursprünglichen Ablagerung bewahrt. Nach Fossilinhalt und Gesteins-Charakter gehören sie der Riß/Würm(Eem)-Warmzeit an. Dementsprechend muß die Hügelkette, an die sie angelagert sind, in der Rißeiszeit entstanden sein und zeitlich mit der Überfahrung des Tonklotzes, der die Mindel/Riß-Warmzeitschichten auf ihre heutige Höhe gehoben hat, zusammenfallen.

IV. Zusammenfassung

Faßt man zusammen, so ergibt sich gegenüber den Ergebnissen der geologischen Spezialkartierung von 1888:

1.) Der angebliche „mittel-oligozäne Septarienton" des Raumes Nennhausen ist kein Meeressediment, sondern eine in der Mindel/Riß-Warmzeit entstandene Süßwasser-Ablagerung.

2.) Die für „präglazial" gehaltene Diatomeenerde ist mit dem Ton gleichaltrig und stammt aus derselben Warmzeit.

3.) Der Ton und die Diatomeenerde sind Äquivalente der „Berliner Paludinenschichten".

4.) Brackische und marine Fossilien lassen darauf schließen, daß die aus der Umgebung der unteren Elbe bekannte Transgression der „Holsteinsee" das Gebiet der unteren und mittleren Havel erreicht hat.

5.) Die heutige, auf kurze Entfernung stark unterschiedliche Höhenlage der altersgleichen Warmzeitschichten setzt voraus, daß sie gegenüber dem allgemeinen Niveau entsprechender Schichten im westlichen Brandenburg wenigstens um 70 m gehoben worden sind.

6.) Die Ursache der Hebung ist salztektonischer Natur. Die Hebung fand nach dem Ende der Mindel/Riß-Warmzeit statt.

7.) Die Masse des durch sie emporgehobenen Tones hinderte zeitweilig das Vorrücken des Riß-Eises und gab Veranlassung zur Bildung der Stauchmoräne des Hohen Rotts.

8.) Im Stromschatten dieser Aufschüttung bildete sich eine Eisspalte, in der sich der Zug der Roll- und Bauernberge kames- bzw. oserartig absetzte.

9.) Die Schollen aus fossilführendem Süßwasserkalk an den Rollbergen sind ortsfremd und gehören einer späteren Warmzeit an. Sie sind durch das Würm-Eis auf die rißeiszeitliche Unterlage aufgeschoben worden.

Die Ergebnisse der monographischen Bearbeitung eines kleinen Geländeabschnittes dürfen nicht verallgemeinert werden. Es gibt zahllose Strukturen, die die känozoische Schichten bis dicht unter die heutige Oberfläche durchstoßen, ohne sich auch nur im geringsten durch die Morphologie zu verraten; mindestens ebenso viele Stauchmoränengebiete liegen weitab von irgendwelchen Strukturen des tieferen Untergrundes. Die Deutung aus der Morphologie der Oberfläche allein ist und bleibt höchst fragwürdig. Sicherheit geben nur Bohrungen. Daher ist es sehr bedauerlich, daß der Bohrvorgang und die Sorge um den Bohrfortschritt bei den zahlreichen Erdölbohrungen auf dem Top oder an den Flanken von Strukturen es nicht erlauben, in jedem Fall bis zur Unterkante des Tertiärs zu kernen. Spülproben sind für feine Untersuchungen der hier geschilderten Art nicht brauchbar.

V. Literatur

BERENDT, G.: Die Umgebung von Berlin. Allgem. Erläuterung zur geogn. agronomischen Karte derselben. I. Der Nordwesten Berlin. Abhandlg. zur Geol. Spezialkarte von Preußen usw. – Bd. II, Heft 3, 1. Auflage, 1877, 2. Auflage 1897, Berlin.

– Geognostische Beschreibung der Umgebung von Berlin, von G. BERENDT und W. DAMES unter Mitwirkung von F. KLOCKMANN. – Abhandl. zur Geolog. Spezialkarte von Preußen usw. Bd. VIII, Heft 1. Berlin 1885.

– Allgemeines Vorwort in den Erläuterungen zu der Lieferung 35 der geologischen Spezialkarte usw., Berlin 1888.

DIEBEL, L.: Ergebnisse der mikropaläontologischen Untersuchungen der Bohrungen Nennhausen I/55, II/55 und IV/55. – Archiv der Staatlichen Geologischen Kommission Berlin 1958.

FLORSCHÜTZ, F.: The Subdivisions of the Middle and Young Pleistocene up to the Late-Glacial in the Netherlands, England and Germany. Mainly based on the Results of Paläobotanical investigations. – Geologie en Mijnbouw/NW. Ser./ 19, 1957.

GENIESER, K.: Vorläufiger Ergebnisbericht über die wissenschaftliche Kartierungsbohrung Phöben 1954/1955. – Archiv der Staatlichen Geologischen Kommission 1955.

GRIPP, K.: Inlandeis und Salzaufstieg. – Geol. Rundschau 40, Heft 1 (zweites Klimaheft), Stuttgart 1952.

HECK, H.-L.: Zur Fossilführung der Berliner Paludinenschichten. – Zeitschrift Deutsche Geol. Gesellschaft 82, 1930.

KEILHACK, K.: Geologische Beobachtungen während des Baues der Brandenburgischen Städtebahn. – Jahrbuch Geol. Land. Anst. für 1903. – 24, Berlin 1907.

LAUTERBACH, R.: Mikromagnetik – ein Hilfsmittel geologischer Erkundung und Quartärgeologie und Mikromagnetik. Beide in: Wissensch. Zeitschr. d. Univ. Leipzig, Math.-Nat. Reihe 3 (1953/54)

MEHNER, W.: Ergebnisbericht über Erkundungsbohrungen auf Ziegelton Nennhausen 1952. – Archiv der Staatlichen Geologischen Kommission Berlin, 1953 a.

– Ergebnisbericht über Erkundungsbohrungen auf Kieselgur an der alten Ziegelei Nennhausen. – Archiv der Staatlichen Geologischen Kommission, 1953b.

– Ergebnisbericht über Erkundungsbohrungen auf Kieselgur 1955, Objekt: Nennhausen 1955. – Staatliche Geologische Kommission Berlin, Geologischer Dienst Mitte, 1957.

RETTSCHLAG, W.: Ergebnisse der mikropaläontologischen Untersuchung, Tonvorkommen Nennhausen vom 7. 5. 1953. – Archiv der Staatlichen Geologischen Kommission Berlin, 1953.

SCHNEIDER, O.: Die geologischen Ausflüge der Staatlichen Hauptstelle für den naturwissenschaftlichen Unterricht in den Sommern 1917 und 1918; in: Mitteilung der Preuss. Hauptstelle für den naturwissenschaftlichen Unterricht. Heft 3, Quelle & Meyer, Leipzig 1919.

– Die Mark im Eiszeitalter. – Brandenburgische Jahrbücher 8, Potsdam/Berlin, 1937.

– Lehrausflug nach den diluvialen Aufschlüssen bei Phöben und Glindow. – Zeitschr. Deutsche Geol. Ges. 93, S. 245, Berlin 1941.

SCHULTZE, I. H.: Die naturbedingten Landschaften der DDR. – Peterm. Geogr. Mitt. Erg.Heft 257, Gotha 1955.

SCHWARZENHOLZ, W.: Berichte über die Untersuchung auf Diatomen aus den Bohrungen in Nennhausen:
a) Kartierungsbohrungen: I/55 vom 22. 5. 1955; II/55 vom 1. 2. 57; IV/55 vom 12. 6. 57.
b) Lagerstättenbohrungen: 27/55 vom 21. 1. 56; 22/55 vom 29. 2. 56; 25/55 vom 29. 3. 56; 9/55 vom 15. 12. 55. – Archiv der Staatlichen Geologischen Kommission Berlin.

WAHNSCHAFFE, F.: Die Süßwasserfauna und Süßwasser-Diatomeen-Flora im Unteren Diluvium der Umgegend von Rathenow. – Jahrbuch Geol. Land.-Anst. für 1884, Berlin 1885.

– Blatt Rathenow der Geol. Spezialkarte von Preußen mit Erläuterungen, Lieferung 35, Berlin 1888.

WOLDSTEDT, P.: Norddeutschland und angrenzende Gebiete im Eiszeitalter. – Stuttgart 1955.

Über die Umwandlung und Neubildung von Schwermineralien in Sedimentgesteinen

URSULA WOLFF & HELGA ROTHE, Berlin[1])

In neuerer Zeit sind in der UdSSR einige Aufsätze von A. G. KOSSOWSKAJA und W. D. SCHUTOW erschienen, in denen die Beobachtungen beider Forscher über die Veränderung von Sedimentgesteinen behandelt werden. Die Untersuchungen erfolgten an einem mächtigen terrigenen Komplex mesozoischer und jungpaläozoischer Schichten von West-Werchojansk und an produktiven Schichten Aserbaidshans.

Pyroxene

In den sandig-schluffigen Gesteinen vieler Aufschlüsse der Kura-Tiefebene Aserbaidshans (bes. Baba-Sanan) findet man Pyroxene, die sich durch „gezähnte" Formen auszeichnen. Das Sediment besteht aus Detritus von Porphyrit, sauren Plagioklasen, seltenem Quarz, Karbonaten, Chlorit, hydratisiertem Glimmer. Als Zement dient Calcit und manchmal epigenetischer Gips. Der Schwermineralgehalt ist sehr hoch (bis 15–18%), davon manchmal 20–30% Pyroxene.

Die Pyroxene sind vor allem durchsichtige Körner hellgrünen Augits, selten Hypersthen. Fast alle Körner zeigen gezähnte Begrenzung, die schwach ausgeprägt sein kann, aber auch so intensiv wird, daß nur noch zickzackartige Plättchen als Relikte vorliegen. Der Winkel, den die Zähnchen bilden, schwankt zwischen 40° und 70°. Die Zähnchen entwickeln sich nach den Flächen (110) und (010). Die Zartheit der spitzen Gebilde schließt aus, daß die Körner schon während des Transportes des Sedimentes diese Begrenzung zeigten. Als nach der Ablagerung erfolgtes Wachstum kann man sie auch nicht deuten, weil in dem Falle stets die für das Mineral charakteristischen kristallographischen Flächen wiederhergestellt zu werden pflegen. Das konnte man hier nicht beobachten. In Dünnschliffen sieht man die allmähliche Auflösung der Pyroxene. Sie werden umgewandelt in Calcit und Heulandit. Die Verdrängung durch Calcit geht in der Richtung der Spaltbarkeit der vertikalen Zone und nach den Flächen des Basispinakoids vor sich. In Schliffen, in denen alle Körner von einem grünlichen, schuppigen, glimmerähnlichen Mineral umgeben sind, kann man anhand dieser Säume die ursprüngliche Form der Pyroxenkörner rekonstruieren. Einmal konnte festgestellt werden, daß der Raum zwischen dem Saum und dem Py-Korn von einem Mineral ausgefüllt wird, das wahrscheinlich zur Gruppe der Serpentine gehört.

Der Zeolith, der sich nur durch einen etwas niedrigeren Brechungsindex vom Heulandit unterscheidet, ersetzt auch die Py-Substanz. Man findet oft Körner von Heulandit, in deren Innern kleine gezähnte Relikte von Pyroxen eingeschlossen sind. Häufig werden Pyroxenkörner in mehrere Stücke zerteilt, die einheitliche Auslöschung haben. Die Zwischenräume sind von Calcit oder Heulandit ausgefüllt.

Das zeigt, daß die gezähnten Pyroxenformen auf diagenetischen Vorgängen beruhen. Die verdrängenden Mineralien enthalten nur Calcium. Das Mg scheint aus den sandig-schluffigen Gesteinen auszuwandern. Im Gegensatz dazu findet man eine Anreicherung von Mg in den mit den sandig-schluffigen Partien wechsellagernden Tonen. Elektronenmikroskopische Untersuchungen ergaben, daß in der Fraktion $< 0{,}001$ mm ein fasriges Mg-Hydrosilikat mit Serpentingitter anwesend ist. Die Anreicherung von Mg mag dadurch zustande

[1]) Referat aus dem mineralogisch-lagerstättenkundlichen Seminar unter Leitung von Prof. Dr. A. SCHÜLLER.

kommen, daß die sehr kleinen Mineraltrümmer der Tone zu einem noch frühen Zeitpunkt der Diagenese schneller aufgelöst werden als die in den gröberen Fraktionen. Das bei der Pyroxenauflösung freiwerdende Mg nimmt an der Bildung von Mg-Hydrosilikaten teil. Wahrscheinlich spielt dabei auch das Mg der über- und unterlagernden sandig-schluffigen Absätze eine Rolle.

Biotit

Die Umwandlungsformen von Biotit wurden an Sedimentgesteinen des Unterperm bis zur Unterkreide studiert. Untersucht wurden die faziell sehr ähnlichen Ablagerungen des westlichen Teils der Werchojansker Geosynklinale und des im südlichen Flügel der Wiljui-Senke befindlichen Schelfgebietes. Saure Intrusiv- und Effusivgesteine und alte kristalline Schiefer, die auch hauptsächlich saure Zusammensetzungen hatten, bilden das Ausgangsmaterial der Sedimente. Der Aufschluß der Geosynklinalzone zeigt von oben nach unten eine zunehmende Verfestigung des Gesteins, während im Schelfgebiet nur eine schwache Zementation vorhanden ist. Die Ablagerungen der Geosynklinale sind 5mal mächtiger als die des Schelfgebietes. In den sandig-schluffigen Gesteinen beider Aufschlüsse befinden sich bedeutende Mengen an detritischem Biotit, dessen epigenetische Veränderungen in der Geosynklinale einen anderen Weg nehmen als im Schelfgebiet. In der Geosynklinale sind 4 Stadien von Verwitterungsprodukten des Biotits zu unterscheiden:

1. Die schwach verfestigten Sandsteine und Schluffe der Unterkreide führen in den oberen Teilen toniges, im unteren Teil chloritisches und chloritisch-quarziges, seltener calcitisches und zeolithisches Zement. Die Kristallform der Biotitplättchen ist zerstört, deformiert. Die Plättchen blähen sich auf und zerspalten in einzelne Fasern oder verbiegen sich und umsäumen die detritischen Feldspat- und Quarzkörner. Diese Veränderung des Biotits erfolgt durch die Hydratisation und die Fortführung von Eisen und Alkalien. Sie wird begleitet von einer Änderung der optischen Eigenschaften und Entfärbung. Die Änderung von Struktur und Optik beobachtet man oft innerhalb der Grenzen eines Plättchens. Wo Calcit- oder Zeolithzement anwesend sind, zerstören die beiden Mineralien intensiv den Biotit.

2. Die Oberjura- bis Triassandsteine sind stärker verfestigt und haben oben Chlorit oder regenerierten Quarz als Zement (Quarzitstruktur des Sandsteins).

Die weitere Biotitumwandlung geht 2 Wege.

a) Amorphisierung des Biotits:

Das Kristallgitter löst sich auf, es entsteht eine braune isotrope, klumpenförmige Masse. Die Amorphisierung beginnt am Rand der Plättchen und schreitet nach innen hin fort.

b) Entfärbung des Biotits und sein allmählicher Übergang in ein chloritähnliches Mineral:

Der Biotit wird grünlich, die Doppelbrechung geringer. Die Chloritisierung des Biotits erfolgt oft in ganzen Paketen. Es entstehen dann Alternationen hellgrüner Chloritfasern mit entfärbtem, aber noch pleochroitischem Hydrobiotit.

Das bei der Amorphisierung und Chloritisierung freigesetzte Eisen wird entweder als Eisenoxyd + aqu. oder als Eisenglimmerschüppchen im Gestein eingebettet. Oft bildet sich auch Pyrit, der als kleine Würfel auf den Glimmerplättchen sitzt oder in Linsen zwischen den zerspaltenen Fasern auskristallisiert.

3. Die Oberpermgesteine sind noch stärker verfestigt als die mesozoischen. Quarzitstruktur der Sandsteine herrscht vor. In einigen Gesteinen ist Hydroglimmerzement vorhanden.

Biotit ist umgewandelt zu einer komplizierten Reihenfolge von hellgrünen isotropen Chloritfasern, stark doppelbrechenden, farblosen Fasern eines muskovitähnlichen Minerals und den Relikten eines entfärbten, stark doppelbrechenden, schwach pleochroitischen Hydrobiotits. Zwischen den Fasern sitzen mosaikartige Anhäufungen von Quarz und neugebildetem Albit. In einigen Fasern der umgewandelten Biotitplättchen sind Rutilnädelchen und Ilmenitblättchen abgeschieden, die durch die Zersetzung der Titan enthaltenden Biotite entstehen konnten. Auch vollständig amorphisierter Biotit ist anwesend. In den unteren Teilen beginnt die sekundäre Kristallisation dieser kolloformen braunen Klumpen zu Aggregaten eines biotitähnlichen Minerals.

4. Neben der weiterentwickelten Quarzitstruktur der Sandsteine im Unteren Perm sind auch Gesteine mit Quarz-Muskovit-Zement vertreten. Biotit selbst tritt nicht mehr auf, dafür aber sehr viele stenglige Aggregate, die aus übereinandergeschichteten Chlorit- und Muskovitpaketen bestehen. Gröbere Chloritpakete wurden auf dem U-Tisch vermessen und sind danach zum Aphrosiderit zu rechnen.

Die Gesteine der Schelfzone zeigen in den Kreide- und Juraablagerungen einen anderen Verlauf der Biotitumwandlung. Im oberen Teil des Aufschlusses geht die Biotitveränderung konform derjenigen in den Geosynklinalschichten: Der Biotit wird hydratisiert, was von Aufblähung und Zerfaserung seiner Plättchen und von der Erniedrigung seiner Licht- und Doppelbrechung begleitet wird. Weiter nach unten aber geht der Biotit allmählich in Kaolinit über, die Biotitplättchen erwerben Vermiculitstruktur. Die Doppelbrechung sinkt auf

$$N_g - N_p = 0{,}008 \div 0{,}006$$

Dabei wechsellagern oft reliktische Hydrobiotitfasern mit farblosen, vermiculitischen Paketen mit $N_g - N_p = 0{,}006$. Im Unterjura erscheinen bereits grobe wurmförmige oder fächerartige Verwachsungen von Kaolinitplättchen in großer Menge.

Epidot und Zoisit

Im Aufschluß des Geosynklinalgebietes von West-Werchojansk wurden in der Unteren Kreide, in der Trias und im Unterperm Neubildungen von Epidot und Zoisit angetroffen. In den genannten Schichtfolgen tragen die detritischen Körner von Epidot und Zoisit deutliche Spuren epigenetischer Lösung und Verdrängung durch andere Mineralien (Calcit in der Unterkreide, Quarz in Trias und Unterperm), die in Form feiner Zähnchen und spitzwinkliger Buchten in den Körper der Detrituskörner eindringen. Dadurch werden die Epidote zu unregelmäßigen Gebilden oder in einzelne Stücke zerteilt, die einheitliche optische Orientierung zeigen. Auch die Zoisitkörner haben gezähnte Umgrenzung. Überall, wo Epidot und Zoisit detritisch vorkommen, treten auch neugebildete Modifikationen dieser Mineralien auf.

In der Unterkreide trifft man zwei verschiedene Epidotneubildungen an:

1. feinaggregierte Anhäufungen von bräunlicher Farbe mit hohem Brechungsindex und hoher Polarisationsfarbe, die als Säume um die Feldspat- und Quarz-

körner wachsen oder auf diesen bäumchenartig verästelte Formen bilden.

2. gut begrenzte prismatische, durchsichtige Kristalle von 0,05–0,20 mm Größe, die nach der b-Achse gestreckt sind. Oft sind auch Kristalle von Zoisit mit anomaler indigoblauer Interferenzfarbe anwesend.

Die Trias- und Unterpermablagerungen zeigen 3 Abarten von neugebildetem Epidot und Zoisit:

a) „dendritische" Formen von Epidot, die mitunter zusammen mit Chlorit die Porenräume des Gesteins ausfüllen;

b) feine Kristalle von Zoisit mit rhomboedrischem Habitus und anomaler indigoblauer Interferenzfarbe. Die Kristalle gruppieren sich gewöhnlich an der Peripherie der detritischen Körner. Die Zwischenräume zwischen ihnen sind mit neugebildetem Quarz ausgefüllt;

c) Krusten von Zoisit, die detritischen Epidot und Zoisit immer umhüllen. Die Krusten haben niedrigere Lichtbrechung und eine etwas andere Interferenzfarbe als die detritischen Körner, die sie umgeben.

Da man neugebildeten Epidot und Zoisit nur dort antrifft, wo auch detritische Körner dieser Mineralien anwesend sind, muß man annehmen, daß die feinkörnigen detritischen Epidote und Zoisite sozusagen die Ausgangspunkte darstellen, von denen eine Bildung neuer Modifikationen angeregt wird.

Epigenetische Zonen

Anhand der festgestellten Mineralauflösungen und -neubildungen in den klastischen Sedimenten der Werchojansker Geosynklinale gelang es den Autoren, eine Gliederung des 11000 m mächtigen Aufschlusses in 4 Zonen zu schaffen, die sich durch unterschiedliche Stadien der Epigenese auszeichnen.

Der Charakter der Mineralneubildungen wird hauptsächlich von 2 Faktoren bestimmt:

1. die ursprüngliche petrographische Zusammensetzung der Gesteine,
2. die Lage der Gesteine im Aufschluß, die den Grad der Verfestigung und der beginnenden Metamorphose bedingt.

Der Einfluß der ursprünglichen Zusammensetzung der detritischen Komponenten auf die Mineralneubildung tritt vor allem bei Epidot und titanhaltigen Mineralien hervor.

Die Verbreitung der verschiedenen Zementtypen und der Neubildungen von Leichtmineralien wird hauptsächlich durch die Lage des Gesteins im Aufschluß bestimmt. Eine Reihe von Komponenten zeigt eine bestimmte Umwandlungstendenz, die an das allmähliche Untertauchen der Gesteine in tiefere Teile der Erdrinde und damit an das Wachsen von Druck und Temperatur gebunden ist (Zementstoffe und Biotit). So unterscheidet man vier Zonen, die durch das Vorherrschen eines bestimmten Zements charakterisiert sind:

1. Zone der tonigen Zemente,
2. Zone der chloritischen und chloritisch-kieseligen Zemente,
3. Zone des Quarz-Regenerationszements (Zone der Sandsteine mit Quarzitstruktur),
4. Zone des Quarz-Regenerations- und Glimmerzements (Zone der phyllitischen Schiefer).

In der obersten Zone (1) zeichnet sich das Zement durch schwach veränderte tonige Substanzen aus, die aus fein zerkleinertem Detritus und einer schwach polarisierenden Grundmasse bestehen. Oft bildet Chlorit um die terrigenen Körner dünne Krusten. Zum Liegenden hin vergrößert sich die Chloritmenge und nimmt schließlich den gesamten Raum zwischen den detritischen Trümmern ein. Wo nur die Peripherie der Porenräume mit Chlorit umsäumt ist, findet man im Zentralteil Calcit, seltener Quarz. Das „tonige" Material kristallisiert aus zu Chlorit, wobei alles Fe und Mg verbraucht wird, während aus dem SiO_2-Überschuß Opal oder Chalcedon gebildet wird, der später zu Quarz umkristallisiert.

In der Zone 2 dienen Chlorit oder Chlorit mit Chalcedon und Quarz als Zement. Quarz erlangt hier in den Porenräumen infolge des anwachsenden Druckes eine solche optische Orientierung, daß auch die ihn umgebenden Körner zu ihm gehörig erscheinen. Dieses Verhalten des Zements bildet den Übergang zur Stufe 3. Häufig beobachtet man die Regeneration der detritischen Feldspäte.

In Zone 1 und 2 sind Zeolithe (Laumontit) als Zement ebenfalls weit verbreitet. Charakteristisch ist auch die mit zunehmender Tiefe intensiver werdende Biotitumwandlung zu erst deformierten Plättchen, allmähliches Amorphwerden, Aufspaltung in Chlorit- und Hydrobiotit-Pakete. Neubildungen von Epidot sind charakteristisch in den oberen zwei Zonen.

Zone 3 zeichnet sich durch das Wachstum der detritischen Quarz- und seltener der Feldspatkörner aus. Die neugebildeten Teilchen (Regenerationssäume) haben die gleiche optische Orientierung wie die detritischen Körner, ihre Form ist unregelmäßig gelappt. Die ursprüngliche Form der Detrituskörner ist nur manchmal an Relikten des chloritischen Zements zu erkennen. Charakteristisch ist die Anwesenheit der neugebildeten Titanminerale Sphen und Anatas, die man immer zusammen mit Leukoxen antrifft, aus dem sie entstehen. Weiter tiefer ist die Regeneration und Blastese der Quarze und Feldspäte so weit fortgeschritten, daß Quarzitstrukturen entstehen. Die Gesteinstrümmer werden in mosaikartige Aggregate von Quarz umgewandelt. Sporadisch ist Hydroglimmer anwesend. Der amorph gewordene Biotit wandelt sich in kryptokristalline Aggregate eines neugebildeten biotitähnlichen Minerals um. Zugleich erscheinen kompliziert zusammengesetzte Pakete von Muskovit und Chlorit. In einigen „Paketen" sind neugebildete Rutilkristalle und Ilmenitlinsen eingeschlossen.

In Zone 4 erscheinen sowohl quarzitähnliche Sandsteine als auch solche mit Muskovitzement. Der Muskovit bildet garbenförmige Aggregate, die mit dünnadligem Chlorit abwechseln. Eine „stachlige" Struktur entsteht durch Hineinwachsen von Glimmer- und Chloritplättchen in die regenerierten Quarzkörner. Neugebildete Epidote und Zoisite kommen in den sandigen Gesteinen vor.

Diese 4 Zonen schließen die unveränderten Sedimentgesteine den Zonen der Regionalmetamorphose an. Die unterste Zone (4) ist der chloritischen Zone der Regionalmetamorphose verwandt (Grünschiefer-Fazies) und kann mit der obersten Chlorit-Muskovit-Subfazies verglichen werden.

Literatur

A. G. KOSSOWSKAJA: Über die Formen der diagenetischen Auflösung der Pyroxene aus Aufschlüssen der produktiven Schichten Aserbaidshans. — Doklady Akademii Nauk SSSR, 1951, Band LXXIX, Nr. 4.

A. G. KOSSOWSKAJA & W. D. SCHUTOW: Über epigenetische Neubildungen des Epidots und Zoisits aus mesozoischen und jungpaläozoischen Ablagerungen des westlichen Werchojansk. — Doklady Ak. Nauk SSSR, 1956, Bd. 108, Nr. 1.

— Die Zonen der Epigenese im terrigenen Komplex der mesozoischen und jungpaläozoischen Ablagerungen des westlichen Werchojansk. — Doklady Ak. Nauk SSSR, 1955, Band 103, Nr. 6.

— Der Charakter der Veränderung detritischen Biotits im Prozeß der Epigenese. Doklady Ak. Nauk SSSR, 1955, Band 101, Nr. 3.

— Charakter und Verbreitung der Mineralneubildungen im Aufschluß meso- bis jungpaläozoischer Ablagerungen von West-Werchojansk. — Ak. Nauk. SSSR, Arbeiten des geol. Instituts, Ausg. 5, Moskau 1956.

Quantitativ-mineralogische Untersuchungen an der Roteisenerzlagerstätte Pörmitz bei Schleiz in Thüringen

KLAUS STEINIKE, Berlin

Pörmitz ist eine oberdevonische Roteisenerzlagerstätte vom Typ Lahn-Dill (GRÄBE, DECKER). Es lassen sich makroskopisch drei Lagerfazies unterscheiden: 1. Die eisensilikatisch-magnetitische Fazies, 2. die hämatitisch-magnetitisch-kieselige Fazies und 3. die kalkig-hämatitische Fazies.

Die wichtigsten Minerale der Lagerstätte sind Hämatit und Magnetit.

Während der Hämatit sich im großen und ganzen nicht von dem anderer Roteisenerzlagerstätten unterscheidet, lieferte das Studium des Magnetits neue Erkenntnisse.

Der Magnetit tritt in idiomorphen Kriställchen und seltener in Pseudomorphosen nach Hämatit auf.

Seine engen Verwachsungen mit Anthraxolit, die für diesen Lagerstättentyp bekannt sind, führten zu der weit verbreiteten Ansicht, der Anthraxolit der Roteisenerzlagerstätten reduziere direkt oder indirekt über reduzierende bituminöse Substanzen oder reduzierende exhalative Gase, denen er dann entstammen soll, Hämatit zu Magnetit.

Diese These kann — zumindest für Pörmitz — widerlegt werden.

1. Es kommen Magnetitpseudomorphosen in Lagerteilen vor, in denen der Anthraxolit völlig fehlt. Die Reduktion ging also dort ohne Anthraxolit vonstatten. 2. Die Bildung des Anthraxolits ist, wenn man vom völlig gleichartigen Aderanthraxolit absieht, primär-syngenetisch mit dem Erz. Das zeigen die feinen, teils dispersen Verwachsungen mit Berthierin, primärem (kollophormem) Siderit und Quarz. Außerdem weist der Anthraxolit gelegentlich typische Gelstrukturen auf. In ausschließlich bimineralischen Verwachsungen von pseudomorphem Magnetit mit Anthraxolit lag primär ein Hämatit-Anthraxolitgemenge vor. Andernfalls müßte der Anthraxolit während der Reduktionsphase eine Zwickelsubstanz restlos verdrängt haben. 3. Die Integration der Erze ergab, daß zwischen Magnetit und Anthraxolit keine mengenmäßige Abhängigkeit besteht. Bei einer gegenseitigen Oxydation und Reduktion könnte so etwas erwartet werden. 4. Es wurden sehr anthraxolitreiche Proben gefunden, in denen, z. T. im Anthraxolit eingebettet, unveränderter Hämatit in max. 600μ großen bis herab zu submikroskopischen Tafeln liegt.

Der Pörmitzer Magnetit ist überall, soweit zu erkennen, schwach, aber deutlich anisotrop. Ätzung verstärkt durch Gitterpolarisation die Anisotropieeffekte. Dadurch konnten neue Durchdringungszwillinge des Magnetits erkannt werden. Es handelt sich um verzwillingte Tetraeder nach (100). Das Gesetz heißt Mohs-Rosesches-Gesetz und ist schon seit ca. 100 Jahren am Diamanten bekannt. Die betreffenden Magnetitkristalle müssen primär entstanden sein.

Aufschlußreich ist die Beobachtung der Einschlüsse. Es gibt idiomorphe Magnetitkristalle mit idiomorphen Spinellkernen, groben Spinellmischungen, Ilmenitentmischungen und mit orientierten Hämatitentmischungen. Diese Entmischungen sind Beweise für die primäre Entstehung des betreffenden Magnetits. Auf Grund der Entmischungen betrug die Bildungstemperatur ca. 800° C. Wegen dieser hohen Bildungstemperatur muß der Magnetit extrusiv entstanden sein. Die Hämatit- und Magnetitentmischungen eines selbständigen Ilmenits deuten ebenfalls auf Bildungstemperaturen von ca. 700° C und stützen so die Aussage über den primären Magnetit.

Ohne näher darauf einzugehen, sei noch bemerkt, daß bis auf wenige Ausnahmen nur der pseudomorphe Magnetit, die Magnetitzwillinge nach (100) und der die Entmischungen enthaltende Magnetit eindeutig genetisch bestimmt werden können. Da primärer und sekundärer Magnetit zum Teil im gleichen Schliff vorkommen, ist eine Abtrennung des primären Magnetits, z. B. für spektralanalytische Vergleiche mit Hämatit, nach dem vorliegenden Material unmöglich.

Eine wichtige Mineralgruppe bilden die Schichtsilikate. Bei zwei der wirtschaftlich bedeutsameren Eisenschichtsilikaten gelang die Abtrennung. Von den Mineralien liegt die chemische Analyse, das Röntgendiagramm und die DTA vor. Das eine Mineral besitzt ein 7 Å-Gitter vom Kaolinit-Typ und ist nach einem Vorschlag des Nomenclature Sub-Commitee of Clay Minerals Group (1954) als Berthierin — anstatt des wohl „gewohnteren" Namens Chamosit — zu bezeichnen. Das andere Mineral ist Stilpnomelan, der wegen seiner großen Ähnlichkeit zum Mackensit von Bennisch und Sternberg (KARRENBERG & QUITZOW 1942) auch schon als solcher beschrieben wurde. Beim Mackensit von Bennisch und Sternberg handelt es sich aber wahrscheinlich auch um Stilpnomelan, während die Existenz eines Mackensits überhaupt überprüft werden sollte.

Bei den Chloriten konnte das Vorkommen von Fe-Prochlorit, Thuringit und Pennin durch ihre Optik wahrscheinlich gemacht werden.

In Pörmitz konnten außer Calcit noch Oligonspat $(Fe, Mn)CO_3$, Dolomit und Ankerit röntgenographisch sichergestellt werden.

Für die Integrationen war es notwendig, die Karbonate durch Ätz- und Anfärbemethoden so zu zeichnen, daß sie sich bequem nebeneinander integrieren ließen. Durch Kombination bereits bekannter Ätzmethoden von CISSARZ, HÜGI und KNAUER gelingt es bei einiger Übung, ein Karbonat im Anschliff innerhalb fünf Minuten zu bestimmen.

Ätzschema:

1. Alizarin kalt, 7—10 sec. spülen, trocknen (Fön oder Bunsenflamme)
   Dünnschliff: Calci, rötlich
   Anschliff: Calci, gelb
2. HF, 40%, 6 sec. spülen, trocknen
3. Alizarin kochend, 4—5 sec. spülen, trocknen
   Anschliff:
   Calcit: irisierender Überzug
   Dolomit und Ankerit: total verätzt, Unterscheidung mittels p-Nitrobenzol-azo-resorzin
   Siderit: unverändert

Der Oligonspat wird zum Unterschied vom reinen Siderit durch kochende $KOH + H_2O_2$ nicht angegriffen.

Quarz, Anthraxolit (oft fälschlich „Anthrazit" genannt), Pyrit, Markasit und Kupferkies sind weitere

Minerale der Lagerstätte. Neu für Pörmitz und zum Teil neu für Roteisenlagerstätten überhaupt sind: Ilmenit, Spinell (Magnesioferrit?), kryptokristalliner Quarz (Chalcedon und Lutecin), Löllingit und Arsenkies.

Die Aufgabe der Arbeit war, den Mineralbestand der Lagerstätte quantitativ zu bestimmen, um dem Hüttenmann zu helfen, den Verhüttungsprozeß rationeller zu gestalten. Es ist klar, daß die Schmelztemperatur eines Eisenerzes u. a. stark davon abhängt, ob es in oxydischer, karbonatischer oder silikatischer Form vorliegt.

Roteisenerze sind überwiegend Dispersionserze. Die Verwachsungen der Minerale sind äußerst fein, großenteils submikroskopisch. Es können deshalb fast nur Mineralgemenge integriert werden (Punktzähler). Eine Schwierigkeit entsteht bei der Umrechnung der gemessenen Volumenprozente in die Gewichtsprozente, da die Dichten der Mineraltypen nicht bekannt sind. Man setzt aus je zwei integrierten Schliffen jeweils den gleichen Mineraltyp in zwei Gleichungen zueinander in Beziehung und erhält durch statistische Rechnungen annehmbare Dichtewerte für das betreffende Mineralgemenge. Sodann kann man den effektiven Mineralbestand des Mineraltyps berechnen.

Die Genauigkeit der Methode ist befriedigend. Die aus der Integration berechnete Dichte der Schliffe differierte von der gemessenen Dichte einmal bei 11 Proben im Mittel um 0,5%, zum anderen bei 27 Proben um 0,08%. Einzelabweichungen über $\pm$ 3% waren selten. Auch der Vergleich mit vier Schlitzanalysen (Vollanalysen) des Werkes mit der aus der Integration berechneten Analyse fällt befriedigend aus.

Das von Roteisenerzlagerstätten vielfach beschriebene Parallellaufen von SiO_2 und Fe-Werten im Profil ist nicht die Regel.

Der ausführliche Text der Arbeit wird demnächst an anderer Stelle veröffentlicht.

Literatur

CISSARZ, A.: Bei Schneiderhöhn: Erzmikroskopisches Praktikum. S. 208, Schweizerbart, Stuttgart, 1952.

DECKER, H.: Mineralogisch-lagerstättengenetische Untersuchungen an der Erzlagerstätte Pörmitz bei Schleiz/Thüringen, — Geologie 6, 1956, S. 534—535.

GRÄBE, R.: Ausbildung und Entstehung der oberdevonischen Roteisenerze und ihrer Nebengesteine im Schleizer Trog. — Ber. Geol. Ges. DDR 1, 1956, S. 155—197.

KARRENBERG, H. & QUITZOW, H. W.: Die Roteisensteine und Magnetite des Devons. 1. Die Erze des schlesisch-mährischen Devons. — Archiv Lagerstättenforsch. 75, 1942, S. 155—165.

KNAUER, E.: Geländemethoden zur Unterscheidung von Calcit und Dolomit (Tüpfelreaktionen). — Z. angew. Geol., 1957, S. 35.

NELSON, B. W. & ROY, R.: New data on composition and identification of chlorites. Clays and clayminerals. — Univ. of Missouri, 1953, S. 335—348.

Zur stratigraphischen Stellung des Sangerhäuser Anhydrits (Zechstein 2)

WOLFGANG JUNG, Sangerhausen

Nach G. RICHTER-BERNBURG (1942 a u. b) schaltet sich in der Umgebung des Südostharzes ein zwischen dem Kaliflöz Staßfurt (K 2) und dem Grauen Salzton (T 3) liegender Anhydrit ein, der stellenweise eine beträchtliche Mächtigkeit aufweisen kann. Er schlug vor, diesen Anhydrit „Sangerhäuser Anhydrit" zu nennen.

Nach den damals vorhandenen Aufschlüssen gab RICHTER-BERNBURG (1942 b) für den oberen Teil der Staßfurt- und die Basispartie der Leine-Serie folgendes zusammengefaßte Normalprofil an:

	Hauptanhydrit
3—5 m	echter Grauer Salzton
3—4 m	Gebänderter Anhydrit
x m	Sangerhäuser Anhydrit
	Decksteinsalz
	Kaliflöz Staßfurt etc.

Auf Grund der Verbreitung des Sangerhäuser Anhydrits vermutet er ein Flachgebiet im Bereich des heutigen Unterharzes zu einer Zeit, „wo in der Nachbarschaft noch Salze oder vielleicht schon wieder Ton der Normalfolge zur Ablagerung kamen; denn auffällig ist die Position dieser Anhydritzone als Scheide zwischen gering entwickeltem Salzton im NW und mächtigem Ton in SE".

Des weiteren hebt er als bemerkenswert „das Aufsitzen der Spitzenmächtigkeiten des Anhydrites auf einer fast geraden Linie Ringleben—Könnern, die in ihrer Position etwa der Lage der alten Kristallinachse Spessart—Kyffhäuser entspricht" hervor, und nimmt an, „daß an dieser älteren Schwellenzone auch an der Wende Staßfurt- zu Niedersachsen-Zyklus die aufwärtige Bewegung wieder einmal schwach aufgelebt ist. Andererseits liegen innerhalb dieser Zone wieder die Maximalwerte bei Ringleben und Bornstedt, d. h. gerade dort, wo die NO verlaufenden Strukturen von herzynisch streichenden Hochschollen (Kyffhäuser-Bottendorf sowie Hornburger Sattel) gequert werden.

Somit deuten sich für die Zeit, in welcher der Sangerhäuser Anhydrit zur Ablagerung kam, richtungsgemäß verschiedene Bewegungen an: „ältere, noch nicht zur Ruhe gekommene aus der variszischen Ära und jüngere, welche die saxonische Tektonik erst einleiten".

Die in den letzten Jahren im Bereich der Goldenen Aue, der Hermundurischen Scholle, der Sangerhäuser-, Mansfelder- und Edderitzer Mulde durchgeführten Bohrungen haben den Sangerhäuser Anhydrit immer wieder durchbohrt, und es besteht kein Zweifel, daß im Vergleich zu anderen Gebieten hier am Ende des Zechstein 2 eine Sonderentwicklung vorhanden ist.

Die Mächtigkeiten des Sangerhäuser Anhydrits können recht beträchtlich sein; im allgemeinen schwanken sie zwischen wenigen Metern und 40 m, erreichen aber stellenweise Werte von rd. 100 m und betragen somit fast das Doppelte der Maximalwerte, die RICHTER-BERNBURG damals bekannt waren. Diese Spitzenmächtigkeiten liegen immer an den Vergitterungspunkten von erzgebirgisch und herzynisch streichenden Elementen, so daß die diesbezüglich von RICHTER-BERNBURG getroffene Feststellung nur nochmals bekräftigt werden kann. Es ist lediglich ergänzend zu bemerken, daß auch im Raum von Friedeburg-Wettin, also dort, wo die erzgebirgisch streichende Zone Ringleben-Könnern von der Halle-Hettstedter Gebirgsbrücke gekreuzt wird, größere Mächtigkeiten auftreten.

Die von RICHTER-BERNBURG vorgenommene stratigraphische Einstufung des Sangerhäuser Anhydrits zwischen Kalilager der Staßfurtserie (K 2) und Grauen Salzton (T 3) muß dagegen auf Grund der zahlreichen Neuaufschlüsse revidiert werden.

Folgende Tatsachen sollen das belegen:

Wie aus einer Reihe von Kupferschieferuntersuchungsbohrungen zwischen Kyffhäuser und Bottendorfer Höhenzug (Meßtischblätter Artern, Ziegelroda und Wiehe) eindeutig hervorgeht, liegt in diesem Bereich der Salzspiegel des Staßfurtsalzes (Na 2) zwischen 170—180 m unter NN. In der streichenden Fortsetzung des Bottendorfer Höhenzuges zwischen Kalbsrieth und Ichstedt ist dagegen die Oberkante des Na 2 schwankend zwischen 206 und 261 m, also bis rd. 80 m unter dem allgemeinen Salzspiegelniveau erbohrt worden. Auf der anderen Seite schwillt in diesem Areal die Mächtigkeit des Sangerhäuser Anhydrits sehr stark an und erreicht Werte zwischen 40—100 m, während über dem Salzspiegel der Sangerhäuser Anhydrit weniger als 40 m Mächtigkeit aufweist. Diese Tatsachen, auf die der Verf. 1954 bereits hingewiesen hat, beweisen, daß in diesem Gebiet die hangenden Partien des Staßfurtsalzes und der liegende Teil des Sangerhäuser Anhydrits *synchrone* Bildungen sind und sich *faziell vertreten.*

Auch in der Umgebung des Hornburger Sattels (Gegend von Großosterhausen, Bl. Allstedt und Erdeborn), wo der Salzspiegel des Staßfurtsalzes zwischen 210 und 220 m unter NN liegt, ist das allgemeine Salzspiegelniveau auch an den Stellen unterbrochen, wo der Sangerhäuser Anhydrit größere Mächtigkeiten (> 40 m) aufweist. Aus diesem Gebiet sind Mächtigkeiten des Sangerhäuser Anhydrits bis zu 80 m bekannt geworden, und die Oberkante des Staßfurtsalzes liegt bis rd. 260 m unter NN, also etwa 40 m unter dem allgemeinen Salzspiegelniveau (W. JUNG, 1956).

Analoge Verhältnisse sind mir auch aus dem Raum Friedeburg-Wettin (Westflanke der Halle-Hettstedter Gebirgsbrücke) bekannt.

Zwischen Braunsroda und Bretleben (Bl. Artern) wurden von etwa 1 km auseinanderstehenden Bohrungen folgende Profile zwischen dem echten Grauen Salzton (T 3) und dem Steinsalz der Staßfurtserie (Na 2) erbohrt:

1.

4,00 m	Anhydrit und Ton in Wechsellagerung	Unterer Tonanhydrit (A 2 r)
11,70 m	Marienglas	Sangerhäuser Anhydrit

2.

1,90 m	Anhydrit und Ton in Wechsellagerung	Unterer Tonanhydrit (A 2 r)
7,15 m	0,90 m Anhydrit, schwach vergipst 6,25 m Marienglas	Sangerhäuser Anhydrit

3.

5,85 m	Anhydrit, tonig unregelmäßig fein bis grob gestreift	Unterer Tonanhydrit (A 2 r)
27,00 m	Steinsalz, in Abständen von 2—20 cm bis 10 cm mächtige Lagen von Carnallit und Kieserit enthaltend	Kalisalz Flöz Staßfurt (K 2)

Aus dem Raum SE Allstedt (Bl. Ziegelroda) sind — auch von etwa 1 km auseinanderstehenden Bohrungen — folgende Profile bekannt geworden:

4. (Spülproben)

15,00 m	Anhydrit und Ton	Grauer Salzton (T 3) und (A 2 r)
60,00 m	Anhydrit, Gips und Marienglassplitter	Sangerhäuser Anhydrit

5.

5,00 m	Ton und Anhydrit	Unterer Tonanhydrit (A 2 r)
5,00 m	Weiße breiige Masse (? Kieserit bzw. Bittersalz)	Kalisalz Flöz Staßfurt (K 2)

6.

4,00 m	Anhydrit, tonig gestreift	Unterer Tonanhydrit (A 2 r)
0,55 m	Steinsalz mit wenigen Kieseritlagen	Decksteinsalz (Na 2 r)
45,75 m	Trümmercarnallit	Kalisalz Flöz Staßfurt (K 2)

Aus den angeführten Profilen geht weiter eindeutig hervor, daß sich Sangerhäuser Anhydrit und Kalisalz Flöz Staßfurt nebst Decksteinsalz einander ausschließen. Es sind *altersgleiche*, sich *faziell vertretende* Ablagerungen. Es muß mit Nachdruck betont werden, daß dieser Fazieswechsel auf engstem Raume vor sich gehen kann.

Wie auch aus den von KIRSCHBAUM entworfenen, unveröffentlichten Karten der Verbreitung des Sangerhäuser Anhydrits und der des Kalilagers Flöz Staßfurt aus dem Bereich der Mansfelder Mulde klar hervorgeht, schließen sich diese Horizonte gegenseitig aus.

Ergänzend soll noch erwähnt sein, daß G. SCHULZE (frdl. mündl. Mitt.) auf Grund von Bromgehaltuntersuchungen des Staßfurtsalzes im Raum Artern—Großosterhausen auch zu dem Ergebnis gelangt ist, daß der Sangerhäuser Anhydrit das Kalilager (K 2) und stellenweise die oberen Partien des Staßfurtsalzes (Na 2) vertritt.

Auch aus der Arbeit von E. V. HOYNINGEN-HUENE (1957) geht die Vermutung hervor, daß Kaliflöz (K 2) und Sangerhäuser Anhydrit fazielle Vertretungen sind (vgl. Tab. 3 und Abb. 5), obwohl im stratigraphischen Profil (vgl. Tab. 2) der Sangerhäuser Anhydrit noch als über dem Kalilager liegend angegeben wurde.

Wichtig ist aber auch, daß der Untere Tonanhydrit (in Thüringen oft „Gebänderter Anhydrit" genannt) überall ausgebildet ist, also unabhängig von der Fazies Sangerhäuser Anhydrit/Kalisalz zur Ablagerung kam. Die eingangs zitierte Vermutung RICHTER-BERNBURGs (1942 b) ist somit nur z. T. zutreffend. Während eine fazielle Vertretung von Salzen und Sangerhäuser Anhydrit jetzt wohl außer jedem Zweifel steht, sind nach unseren Beobachtungen z. Z. der Ablagerung des Unteren Tonanhydrits dagegen keine faziellen Unterschiede mehr nachzuweisen. Damit ist auch die Ansicht von E. KAUTZSCH (1954, S. 75), der in dem Unteren Tonanhydrit die fazielle Vertretung des Sangerhäuser Anhydrites sieht, widerlegt.

Literatur

EISENHUTH, K. H. & E. KAUTZSCH: Handbuch für den Kupferschieferbergbau. — 335 S., 217 Bilder, Fachbuchverlag, Leipzig 1954.

HOYNINGEN-HUENE, E. v.: Die Texturen der subsalinaren Anhydrite im Harzvorland und ihre stratigraphische und fazielle Bedeutung. — Geologie, **6**, Beiheft Nr. 18, Berlin 1957.

JUNG, W.: Die geologischen Verhältnisse am SO-Abhang des Kyffhäusers. — Diplomarbeit, Jena 1954. (Unveröffentlicht.)

—: Bericht über die wirtschaftlichen und geologischen Ergebnisse der Erkundungsarbeiten auf Kupferschiefer im Jahre 1955 im Südfeld der Sangerhäuser Mulde. — Niederröblingen 1956. (Unveröffentlicht).

KIRSCHBAUM, F.: Die geologischen Verhältnisse im NO-Teil der Mansfelder Mulde. — Ingenieurarbeit der Bergbau-Ing.-Schule „FRITZ HIMPEL" Eisleben. Eisleben 1955. (Unveröffentlicht.)

RICHTER-BERNBURG, G.: Zur vergleichenden Stratigraphie des Zechsteins in Mitteldeutschland. — Kali, **36**, S. 4—12, Halle 1942 (1942 a).

—: „Sangerhäuser Anhydrit", eine Sondererscheinung im Zechsteinprofil des Südostharzes. — Ber. Reichsamt Boden-Forsch., Jg. 1942, S. 77 bis 85, Wien 1942 (1942 b).

—: Über salinare Sedimentation. — Z. deutsch. geol. Ges., **105**, S. 593—645, Hannover 1955.

—: Stratigraphische Gliederung des deutschen Zechsteins. — Z. deutsch. geol. Ges. **105**, S. 843—854, Hannover 1955.

Über die neuen Nickelvorkommen in Manitoba, Kanada

HERBERT REH, Jena

Nachdem bis vor kurzem über wichtige Entwicklungen in Manitoba seitens der International Nickel Co. Stillschweigen bewahrt worden war, lassen sich nach erfolgreichem Abschluß der Vorerkundung nunmehr einige bemerkenswerte Tatsachen über die Lage, Ausdehnung und Entwicklungsmöglichkeiten dieser *neuen Nickelvorkommen* anführen.

Die *International Nickel Co. of Canada*, die im wesentlichen den Bergbau auf den bedeutenden *Kupfer-Nickellagerstätten* von *Sudbury* in Ontario betreibt, stellt in ihren Hütten Port Colborne und Copper Cliff Kupfer und Nickel, daneben aber auch Gold, Silber, Kobalt, Platinmetalle, Selen und Tellur her. Dadurch trägt sie sehr erheblich dazu bei, daß Kanada für diese Metalle eine führende oder bedeutende Rolle spielt. Das gilt besonders für Nickel und die Platinmetalle, wie aus den Angaben für die Jahre 1954/53 (nach F. FRIEDENSBURG, 1956) hervorgeht:

Kanada		Bergbauförderung 1954	1953	Anteil an der Weltförderung 1953 %
Kupferinhalt	1000 t	272	228	8,2
Nickelinhalt	1000 t	145,1	130,6	64,4
Kobalt	t	990	815	6,2 (1952)
Platin	kg	4 632	4 200	40 (1952)
Palladium u. a.	kg	5 484	5 000	
Gold	kg	133 050	126 800	13,4
Silber	t	978	938	14,2
Selen	t	167	163	
Tellur	t	3,3	2,1	

Nachdem die International Nickel Co. (Inco) im Jahre 1955 im Sudbury-Distrikt eine Produktionshöhe von 127000 t Nickel erzielt hatte, will sie nach Erhöhung der Produktion in Sudbury und nach der geplanten Inbetriebnahme der neuen Nickelvorkommen in Manitoba schließlich eine jährliche Produktion von 173000 t Nickel erreichen. Da es sich bei den neuen Vorkommen um Nickellagerstätten mit nur wenig Kupfer, jedoch mit ausbringbaren Gehalten an Gold, Silber und Platinmetallen handelt, die etwa die Hälfte der Gehalte der Sudbury-Erze betragen, wird sich die Kupferproduktion nicht erhöhen, jedoch bei den genannten Metallen eine entsprechende Zunahme zu erwarten sein.

Seit 1946 hatte die Inco durch die von ihr gegründete *Canadian Nickel Co.* im nördlichen Manitoba *Prospektionsarbeiten auf Nickel* betrieben, die sich vor allem auf das Gebiet der *Mystery*-[1]) und *Moak-Seen* erstreckten (Abb. 1). Als später die Prospektierung intensiviert wurde, bediente man sich auch geophysikalischer Messungen von Flugzeugen aus. Dabei wurden jährlich bis zu 38000 km geflogen. Aus den geophysikalischen Ergebnissen (magnetometrische und elektromagnetische Messungen) erkannte man die günstigen Voraussetzungen für geologische Erkundungsarbeiten im Gebiet des Moak-Sees. Vorkommen von silberhaltigem Bleiglanz am Westufer des Mystery-Sees waren bereits im Jahre 1927 von einem indianischen Fallensteller entdeckt und von dem Prospektor GORDON MURRAY belegt worden. Später hatten am SW-Ende des Sees Diamantbohrungen höffige Nickelvererzungen in Lagergängen von Peridotit angetroffen.

Durch die Prospektionsarbeiten hatte man ein Gebiet von etwa 120 km Länge und 7,5 km Breite mit höffigen Vererzungen und günstigen geologischen Verhältnissen abgrenzen und mit Bergbaurechten belegen können. Es bedarf noch weiterer eingehender Erkundungsarbeiten, um die Erzvorräte dieses ausgedehnten Gebiets mit genügender Sicherheit angeben zu können, jedoch ist gegenwärtig schon zu übersehen, daß *genügend Erzreserven* vorhanden sind, um *zwei große Gruben* in Betrieb setzen zu können.

[1]) Der Name Mystery(Geheimnis)-See wurde gewählt, weil es GORDON MURRAY gelungen war, die Lage dieses Sees vor anderen, ihm mit dem Kanu folgenden Prospektoren geheim zu halten, denn die Mündung des Mystery-Flusses in den Burntwood-Fluß ist fast unsichtbar. Moak ist eine Abkürzung des Wortes Machwahsahgahaygen der Cree-Indianer, das Eistaucher bedeutet.

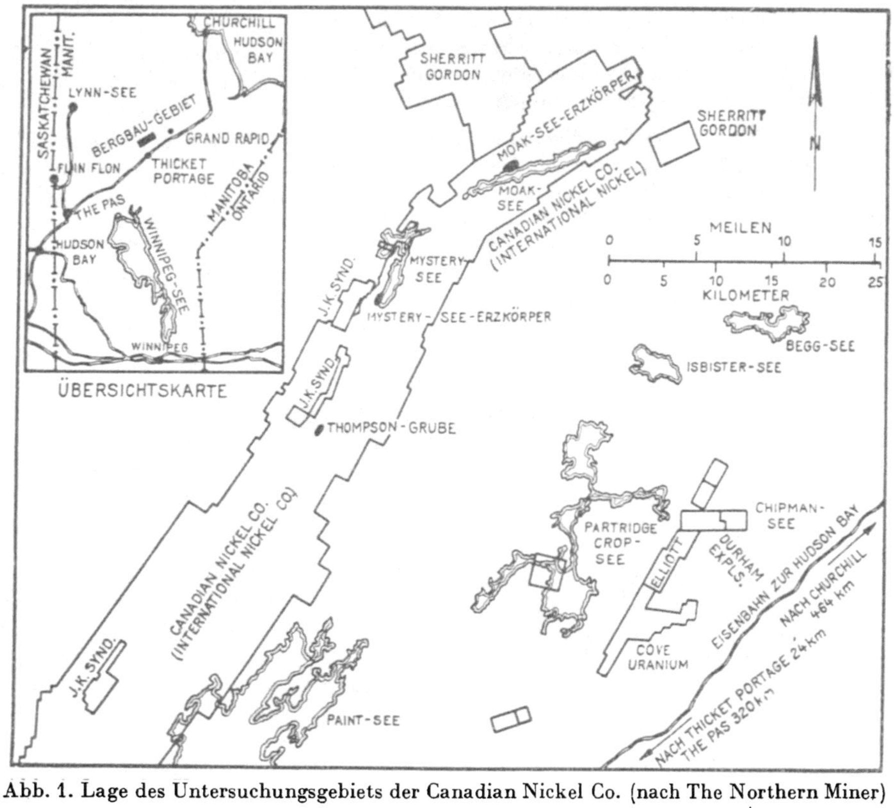

Abb. 1. Lage des Untersuchungsgebiets der Canadian Nickel Co. (nach The Northern Miner)

Nach vorsichtiger Schätzung rechnete man 1956 mit einem *Erzvorrat* von mindestens 50 Mio t. Man hält es für möglich, daß die neuen Nickelvorkommen an Bedeutung das Sudbury-Gebiet erreichen, ja sogar überflügeln können.

Die Aufwendungen der Inco für die Prospektionsarbeiten in Manitoba hatten 1956 rd. 10 Mio $ erreicht. Damals waren 18 Diamantbohrgeräte für die Untersuchungsarbeiten im Gebiet der Mystery- und Moak-Seen eingesetzt. Die Untersuchungsbohrungen wurden sowohl von der Oberfläche als auch von Grubenbauen aus angesetzt. So ist im Gebiet des Moak-Sees wegen der starken Bedeckung mit Glazialschutt gleich ein Schurfschacht geteuft worden, von dem aus der Erzkörper in 210 m und 400 m Tiefe bergmännisch und mittels UT-Bohrungen untersucht werden soll. Der gleiche Schacht soll später für Vorrichtungsarbeiten verwendet werden. Bei den Untersuchungsarbeiten wurden 235 Mann beschäftigt.

Das *Untersuchungsgebiet* der *Canadian Nickel Co.* liegt im nördlichen *Manitoba*, etwa 840 km in Luftlinie nördlich von Winnipeg und 1520 km nordwestlich des Produktionsgebietes der Inco, des Sudbury-Gebiets (Abb. 1). Die Untersuchungszentren Thompson-Grube und Moak-See-Grube sind von der Station Thicket Portage der Canadian National Railways-Linie zwischen Winnipeg und Churchill an der Hudson-Bay 48 bzw. 60 km in nördlicher Richtung entfernt. Die Station Thicket Portage ist 488 km von Churchill und 296 km von dem Abzweig The Pas gelegen (Abb. 1).

Nach den Vorerkundungen ergaben sich zunächst 3 höffige Vorkommen, die näher untersucht wurden: Die Erzkörper des *Moak-Sees*, des *Mystery-Sees* und der *Thompson-Grube*. Es ist bemerkenswert, daß von diesen 3 bedeutenden Vererzungen nur eine nach Methoden der Oberflächen-Prospektion aufgefunden werden konnte, die übrigen beiden Vererzungen, von denen oberflächlich keine Anzeichen erkennbar sind, wurden durch geophysikalische Messungen von Flugzeugen aus angedeutet und durch geologische Vorerkundungen erforscht.

Wegen der zu geringen Metallgehalte des Erzkörpers am Mystery-See konzentrierten sich die Untersuchungsarbeiten später auf das Vorkommen am *Moak-See*. Dabei wurde ein Erzkörper von etwa 1500 m Länge und 240 m Breite festgestellt. Bohrungen von der 400 m-Sohle lassen ein Niedersetzen der Vererzung bis zu einer Teufe von mindestens 700 m in günstiger Beschaffenheit erkennen. Nachdem anfänglich Gehalte von nur 0,5 bis 0,6% Ni angetroffen worden waren, zeigten die späteren Untersuchungen auch günstigere Vererzungen, so daß gegenwärtig die Gehalte zwischen 0,6 und 1% Ni liegen.

Bessere Gehalte wurden bei der Untersuchung des nach dem langjährigen Aufsichtsratsvorsitzenden der Inco Dr. JOHN F. THOMPSON benannten Erzkörpers am Cook-See festgestellt. Er ist in Abständen von 240 m, manchmal auch 120 m auf eine Länge von 4,5 km abgebohrt worden, wobei keine Bohrung erfolglos war. Dadurch konnte er bis auf eine Tiefe von 450 m nachgewiesen werden. Die geringsten Mächtigkeiten waren 3 m, zumeist ergaben sich jedoch etwa 30 m, manchmal auch bis zu 60 m. Als durchschnittliche Mächtigkeit wurden fast 20 m festgestellt, der durchschnittliche Ni-Gehalt übersteigt 2%, während der Kupfergehalt nur gering ist. Die Aussichten, den Thompson-Erzkörper auf noch größere Länge nach beiden Seiten hin verfolgen zu können, werden sowohl aus geophysikalischen als auch geologischen Gründen günstig beurteilt.

Über die *geologischen Verhältnisse* der neuen Nickelvorkommen ist noch verhältnismäßig wenig veröffentlicht worden. Aus einer mit einer geologischen Karte versehenen Arbeit von HAROLD A. QUINN (1956/57) vom Geological Survey of Canada kann man ersehen, daß die genannten Erzkörper der Thompson-Grube, des Mystery-Sees und des Moak-Sees in einer etwa 250 km langen NNO streichenden Störungszone, der *Mystery-See-Störung*, liegen, die vom Reed-See ausgehend über den Setting-See, Pipe-See und Mystery-See verläuft und am Südwestende des Moak-Sees allmählich in ONO-Richtung umbiegend am Assean-See endet (Abb. 2). Offenbar wurde die NW-Scholle nach NO bewegt.

In dieser Störungszone sitzen sowohl im Gebiet des *Moak-Sees* als auch des *Mystery-Sees* langgestreckte *Peridotit-Intrusionen* auf, die mehr oder weniger stark serpentinisiert sind (Abb. 2). In diesen umgewandelten Peridotiten tritt stellenweise feinverteilter nickelhaltiger Magnetkies in wirtschaftlich interessierenden Mengen auf. Daneben kommen aber auch kleine Linsen und Gängchen massiger Sulfide vor.

Während sich bauwürdige Vererzungen im Gebiet des Mystery-Sees von nur geringer Ausdehnung erwiesen und größere vererzte Partien nur unbedeutende Nickelgehalte gezeigt hatten, ließen sich 1,5 km nördlich des Moak-Sees lagergangartige Peridotit-Intrusionen mit günstigerem Gehalt an nickelhaltigem Magnetkies feststellen.

Im Gegensatz zu den ebengenannten Vorkommen ist der ausgedehnte Erzkörper der *Thompson-Grube* eine an Scherzonen gebundene *Imprägnierung* sedimentärer Gneise mit nickelhaltigem Magnetkies. Bei mikroskopischer Untersuchung zeigt sich eine enge Verwachsung von Magnetkies mit Pentlandit. Es ist bemerkenswert, daß bisher keine basischen oder ultrabasischen Gesteine in unmittelbarer Nähe des Thompson-Erzkörpers aufgefunden wurden. Die nächstgelegene Peridotit-Intrusion ist etwa 3 km entfernt.

Diese Beobachtung spricht für eine *hydrothermale Entstehung* der Nickelmagnetkies-Lagerstätte der Thompson-Grube, und es wäre meines Erachtens nachzuprüfen, ob nicht auch die Vererzungen der anderen beiden Lagerstätten des Moak-Sees und des Mystery-Sees hydrothermal gebildet sein können. Es ist in diesem Zusammenhang darauf hinzuweisen, daß H. C. COOKE (1946) zu der Auffassung gekommen ist, daß die Lagerstätten von Sudbury hydrothermaler Entstehung sind und vermutlich einem tiefliegenden saureren Magmarest entstammen. Bei der Besprechung dieser Arbeit hatte ich 1952 bereits darauf aufmerksam gemacht, daß nach den Untersuchungen von R. BECK (1903, 1919) und neueren erzmikroskopischen Befunden (H. REH 1947 u. 1952) auch bei den Nickelmagnetkies-Lagerstätten von Sohland-Schluckenau nur eine hydrothermale Entstehung abgeleitet werden kann. Dieser Sachverhalt wurde durch neuere Untersuchungen für Sohland bestätigt (O. OELSNER, 1954). Es erscheint wahrscheinlich, daß für die Bildung von Nickelmagnetkies-Lagerstätten hydrothermale Prozesse eine größere Rolle spielen, als die klassische Lagerstättenforschung ihnen bisher zugebilligt hat.

Der Unterschied der Nickelmagnetkies-Lagerstätten von Manitoba gegenüber den Sudbury-Lagerstätten

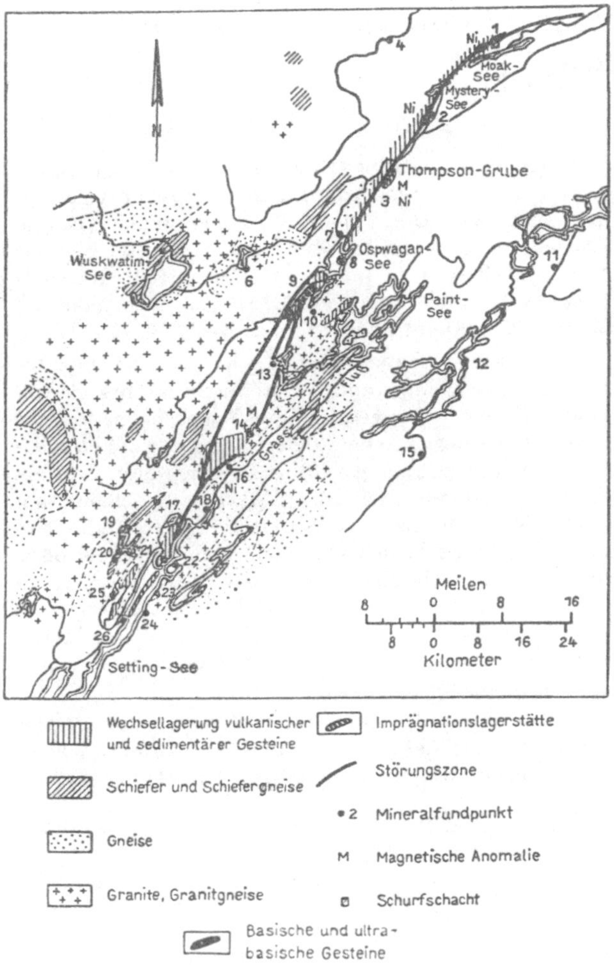

Abb. 2. Geologische Übersicht über das Gebiet zwischen Setting-See und Moak-See (nach H. A. QUINN, 1956, ergänzt)

Mineralfundpunkte: 1 – Moak-See. Ni. 2 – Mystery-See. Ni. 3 – Thompson-Grube. Ni. 4 – Spectacle-See. 5 – Wuskwatim-See. Pyrit. 6 – Opegano-See. Pyrit. 7 – Pipe-(Ospwagan-)See. Magnetkies. 8 – Pipe-(Ospwagan-) See. Ni, Cu. 9 – Kleiner Pipe-See. Ni. 10 – Südl. kleiner Pipe-See. Pyrit, Magnetkies und Magnetit. 11 – Cuthbert-See. 12 – Insel an der Ostküste des Wintering-Sees. Cu, Ni. 13 – Joey-See. Magnetkies. 14 – Westl. Grass-Fluß. Magnetische Anomalien. 15 – McLaren-Bach. Cu, Ni. 16 – Grass-Fluß an der Mündung des Soab-Baches. Ni. 17 – Long-See. Magnetkies. 18 – Brostrom-See. 19 – Five Mile-See, Nord-Ende. Pb, Zn. 20 – Five Mile-See, Süd-Ende. 21 – Setting-See, Nord-Ende. Pb. 22 – Setting-See, NO-Ende. Pyrit und Magnetkies. 23 – Setting-See. Ost-Küste. Magnetkies. 24 – Setting-See, 10 km N Wabowden. Magnetkies. 25 – Fisch-See. Magnetkies, Pyrit. 26 – Setting-See. Westküste.

liegt in dem starken *Zurücktreten von Kupfer* gegenüber Nickel. Für das Hauptlager des Mystery-Sees gibt H. A. QUINN (1956/57) Gehalte von 0,47% Ni und 0,06% Cu an. In gangförmigen Vorkommen wurden festgestellt:
auf 600 m Länge 2,7% Ni u. 0,06% Cu über 0,63 m Mächtigkeit,
auf 480 m Länge 2,7% Ni u. 0,17% Cu über 0,75 m Mächtigkeit.

Demgegenüber liefert die Kupfernickelmagnetkies-Lagerstätte Sudbury Roherze mit 2,5–3% Ni und 1,5–2% Cu.

Bei der abgelegenen Lage des künftigen Bergbaugebiets sind eine Reihe von vorbereitenden *Investitionen* erforderlich, die insgesamt auf etwa 175 Millionen $ veranschlagt werden. Für die etwa 2500 Angestellten und Arbeiter wird eine Siedlung *Thompson* (10000 Einwohner) errichtet werden, die mit der Eisenbahnlinie zur Hudson Bay durch eine 45 km lange *Zweiglinie* verbunden wird. Eine *Werksbahn* von 30 km Länge wird den Verkehr zwischen den Moak-See- und Thompson-Gruben und der Siedlung Thompson vermitteln.

Zur Deckung des Energiebedarfs der neuen Bergbauunternehmungen wird ein *Wasserkraftwerk* mit einer Kapazität von 102000 kW bei Grand Rapid am Nelson River mit einem Kostenaufwand von etwa 35 Mill. $ errichtet werden, etwa 60 km NO der Moak-See-Grube.

Der Ausbau der beiden Gruben Thompson und Moak-See soll für eine Kapazität von 8000 bis 10000 tato geplant werden, wobei das ärmere Moak-See-Vorkommen gleichzeitig mit dem günstigeren Thompson-Vorkommen ausgebeutet werden soll. Zunächst ist die Errichtung einer Aufbereitung und Hütte, später auch einer Raffinerie vorgesehen.

Die erste Produktion aus den neuen Nickelvorkommen in Manitoba wird im Jahre 1960 erwartet. Durch die Inbetriebnahme dieser Vorkommen und die Erhöhung des Durchsatzes der Levack-Grube im Sudbury-Gebiet hofft die International Nickel Co. schließlich eine jährliche Produktionskapazität von 173000 t Nickel zu erreichen.

Die Auffindung von 2 neuen großen Erzkörpern, die systematische Erkundung und Vorrichtung für die Gewinnung, Aufbereitung und Verhüttung ist die Auswirkung einer zielbewußten Bergbaupolitik der International Nickel Co., die sich der modernsten Prospektions- und großzügiger geologischer Erkundungsmethoden bedient hat. Für Manitoba sind die neuen bergwirtschaftlichen Entwicklungen von ganz erheblicher Bedeutung.

Sie sind ein gutes Beispiel für die großen Möglichkeiten, die sich aus einer sinnvollen Zusammenarbeit zwischen der Geologie und Geophysik ergeben können. Offenbar sind große tiefreichende Störungszonen nicht nur als Aufstiegsbahnen von Magmen von Bedeutung, sondern können auch postvulkanischen Prozessen den Weg gewiesen haben und zum geometrischen Ort gegebenenfalls ansehnlicher Vererzung geworden sein. Sie gehören zu den tektonischen Elementen, die der Erkundungsgeologe bei seinen geologischen Schlußfolgerungen in erster Linie auf das mögliche Vorkommen von Vererzungen untersuchen muß.

Literatur

BECK, R.: Die Nickelerzlagerstätte von Sohland a. d. Spree u. ihre Gesteine. – Z. D. G. G. 55. 1903, S. 296–330.

– Über die sogenannten Röhrchenerze am Schweidrich bei Schluckenau. – Z. pr. Geol. 1909. S. 5–7.

COOKE, H. C.: Problems of Sudbury Geology. – Ontario Geolog. Survey Bull. No. 3. 1946.

FRIEDENSBURG, F.: Die Bergwirtschaft der Erde. – 5. Aufl. Stuttgart 1956.

OELSNER, O.: Bemerkungen zur Genese der Magnetkies-Pentlandit-Lagerstätte Sohland/Spree. – Freiberger Forschungshefte C 10. 1954. S. 33–45.

QUINN, HAROLD A.: Mineral Occurrences between Chipewyan and Herb Lakes, Manitoba. – Precambrian Okt., Nov. 1956 u. Jan. 1957.

REH, H.: Nickelmagnetkies-Lagerstätten. Sohland a. d. Spree, Oberlausitz. – In Bd. 13 der Monographie der Lagerstätten von Buntmetallen und seltenen Metallen in den Grenzen des Versailler Deutschlands. Von F. Schumacher mit 8 Mitarbeitern. Freiberg (1947). Manuskript.

– Ref. H. C. COOKE, Probleme der Geologie des Sudbury-Gebietes in Ontario. Ein Beitrag zur Genesis der Nickelmagnetkies-Lagerstätten von Sudbury. – Geologie 1. H. 4. 1952. S. 327–341.

The Northern Miner. – Toronto 42, No. 37., Dez. 1956.

Zeitschrift für angewandte Geologie (1958) Heft 8

Die oberdevonischen Wetzschiefer von Steinach in Thür. und ihre industrielle Bedeutung

MAX VOLK, Steinach in Thür.

Verbreitung

Die Wetzschalen aus den feinsandigen Phycodenschichten vom Hiftenberg bei Siegmundsburg, vom Fellberg bei Steinach und vom Geheg bei Gräfenthal sind ebenso wie die Sensensteine aus der feinkörnigen Grauwacke des Oberen Kulms vom Schleifenberg bei Sonneberg schon um 1500 gehandelt worden. Wetzschiefer des Oberdevons, die als Abziehsteine für Rasier- und Federmesser Bedeutung erlangten, kennt man erst seit 1806, als zwischen dem Fiskus in Meiningen und Sonneberger Steinmachern ein Pachtvertrag für die Nutzung des Schieferlagers am Hirtenrangen bei Steinach abgeschlossen worden war.

Nach den Bergamtsakten in Saalfeld haben Steinacher Wetzsteinmacher 1830 auch Schürfe am Hämmerer Hieb und 1835 im Gr. Bärenbach bei Steinach angelegt. Zu einem geregelten Abbau ist es dort jedoch nicht gekommen. Dagegen wurde nach 1861 der Bruch am Hirtenrangen so erweitert, daß von 12 Pächtern in 4 Abteilungen gearbeitet werden konnte. 1883 wurden sogar 13 Bruchlöcher, davon 9 am Hirtenrangen, 1 bei der Treb, 1 am Kl. Mittelberg (Farntiegel), 1 am Gr. Först und 1 am Hämmerer Hieb, alle in der Umgebung von Steinach, genannt (Abb. 1).

In diesen Jahren ist man auch auf das Wetzschiefervorkommen am Westhang des Lerchenberges aufmerksam geworden. Und bald darauf, 1886, konnten die Wetzsteinmacher auch am Osthang mit der Arbeit beginnen. Der Bruch auf der Höhe des Berges ist 1906 angelegt worden. Am Gr. Mühlberg ist die Wetzsteingewinnung seit 1924 bekannt. Gegenwärtig ist nur noch der Wetzsteinbruch am Weinberg bei Steinach in Betrieb, der bereits in den achtziger Jahren des vorigen Jahrhunderts erschlossen wurde (Abb. 1).

Ob der Bruch in Ebersdorf bei Ludwigstadt, der erst in den zwanziger Jahren erschürft wurde, noch betrieben wird, entzieht sich unserer Kenntnis.

Geologie

H. LORETZ (1885) gibt auf der geologischen Karte (Bl. Spechtsbrunn, Bl. Steinheid) als Hauptpartie des Oberdevons „Tonschiefer mit Cypridinen (T3)“ an. Er scheidet die kalkknotenreichen Abteilungen als „Kalkknoten“ (T3 α) aus und nennt auch „Quarzite“ (T3 β), die fast an der Obergrenze zum Kulm gelegentlich anstehen. Die Tuffschieferablagerungen (Braunwacken) im unteren Teil des Oberdevons hat er noch dem Mitteldevon (T2 α) zugerechnet. Eine durchgehende Wetzschieferzone war H. LORETZ noch nicht bekannt. Er schreibt aber (1885, S. 24/25):

„Stellenweise sondern sich Lagen aus, die eine besondere gleichartige und feine Mischung bei matter lichter Färbung besitzen, und als Wetzschiefer brauchbar sind. Sie liegen in dem tieferen und auch noch mittleren Teil der Abteilung (T3) und werden besonders am Hirtenrangen bei Steinach (SW von Haselbach auf Blatt Spechtsbrunn) als Wetzsteine gewonnen. Man erkennt an verschiedenen Stellen auch weiter nordöstlich an einem grobgriffeligen oder grobstengeligen Zerfallen des Schiefers eine gewisse Schichtenfolge des Oberdevons wieder, welche ungefähr der Wetzschieferzone entspricht, wenn auch die technisch nutzbare Qualität sich nicht einstellt.“

F. DEUBEL (1929) hat bei Aufnahme des Blattes Gräfenthal die Zone der Grauwacken (Braunwacken), Grauwackensandsteine und tuffigen Tonschiefer (Braun-

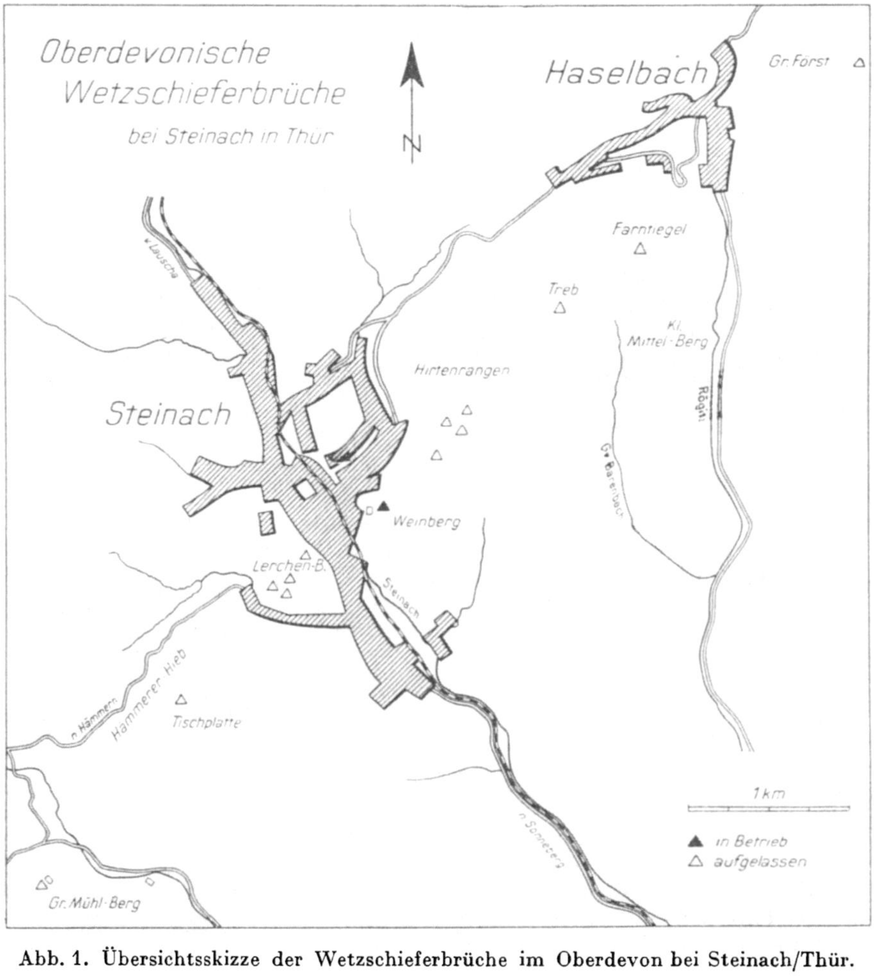

Abb. 1. Übersichtsskizze der Wetzschieferbrüche im Oberdevon bei Steinach/Thür.

schiefer) (tob) und die Zone der Tonschiefer (Cypridinenschiefer) (toc) als die Unterstufe, die Zone der kleinknotigen Kalke (tok) als die Mittelstufe und die Zone der großknotigen Kalkknotenschiefer (toa) und Quarzite (q) als die Oberstufe des Devons gegliedert und gezeigt, daß es sich um durchgehende Ablagerungen handelt. Bei der Zone der Tonschiefer (toc) weist er darauf hin, daß die Schiefer „zuweilen einen wetzschieferartigen Habitus annehmen und versuchsweise auch zur Herstellung von Wetzschiefern gebrochen wurden" (S. 72).

Abb. 2. Abbau des Hauptstrichs im Hohlbau Hinterer Lerchenberg bei Steinach/Thür.
Phot. M. VOLK

M. VOLK (1939) hat das Oberdevon am Schwarzburger Sattel nach Ostrakoden und Trilobiten neu gegliedert. Danach gehören die Wetzschiefer zur Oberen Adorf-Stufe (to Iδ), die durch das Vorkommen von *Entomoprimitia variostriata* (CLARKE 1884) und *Phacops acuticeps* (KAYSER 1889) charakterisiert ist. Von den Subzonen, die A. RABIEN (1954) in Verbindung mit den genauen Profilen M. VOLKs aufstellen konnte, soll hier

Tab. 1. Der Hauptstrich

Hangendes			
0,24 m	0,04 m		Tonschiefer, grün
	0,12 m	Haustein	Tonschiefer, blau
	0,08 m		Tonschiefer, blau mit Kalkknoten
0,11 m		1. Grüner	Tonschiefer, grün, rein
0,10 m		2. Grüner	Tonschiefer, grün, rein
0,10 m	0,03 m		Tonschiefer mit Kalkknoten
	0,07 m	3. Grüner	Tonschiefer, grün, rein
0,12 m	0,02 m		Tonschiefer, grün, sandig mit Kalkknoten
	0,10 m	schwacher Blauer	Tonschiefer, blau, rein
0,03 m			Tonschiefer, sandig mit Kalkknoten
0,21 m	0,03 m		Tonschiefer, unrein
	0,12 m	starker Blauer	Tonschiefer, blau, rein
	0,05 m		Tonschiefer, sandig
	0,01 m Rutschwand		Tonschiefer, blau
0,08 m		Taffengrüner	Tonschiefer, hellblau bis grün mit Kalkknoten
Liegendes			

Tab. 2. Der Nebenstrich

Hangendes		
0,40 m	Wacke	Grauwacke
0,21 m		Tonschiefer, blau, verwittert, braun
0,04 m	6. Gelber	Tonschiefer, gelb, rein
0,50 m		Tonschiefer, meist blau, verwittert dunkelbraun
0,05 m	Klinker	Tonschiefer, grün, rein
0,47 m		Tonschiefer, grün und blau, mit Kalkknotenlagen
0,25 m	Wändiger	Tonschiefer, blau, mit gelbem Band
0,20 m		Tonschiefer, grün bis blau, teils rein, teils mit Kalkknoten
0,02 m	5. Gelber, Plättchen	Tonschiefer, gelb, rein
0,05 m		Tonschiefer, dunkelblau, verwittert schwarz
0,08 m		Tonschiefer, grün bis blau, hart
0,03 m	4. Gelber, schwacher Gelber	Tonschiefer, gelb, rein
0,22 m		Tonschiefer, grün bis gelb, mit Kalkzwischenlagen
0,04 m	3. Gelber, starker Gelber	Tonschiefer, gelb, rein mit Eisenkies
0,07 m	„Pfinniger"	Tonschiefer, blau bis grün, mit Eisenkies
0,04 m	2. Gelber, flammiger Gelber	Tonschiefer, gelb
0,05 m		Tonschiefer, gelbgrün, mit Kalkzwischenlagen
0,05 m	Pferdgrüner	Tonschiefer, grün, rein
0,05 m	1. Gelber, Markasitengelber	Tonschiefer, gelb, mit Eisenkiesherden (an der Stirnfläche immer zu sehen)
0,33 m	Pferd	Tonschiefer, grün, mit vielen Kalkzwischenlagen
0,05 m	Gangläs	Tonschiefer, grün bis gelb, rein
Liegendes		

abgesehen werden. Darüber wird an anderer Stelle eingehend berichtet.

Bergbau

Einen genauen Einblick in die einzelnen technisch nutzbaren Lagen geben uns die Wetzsteinmacher selbst.

Mit der Spitzhacke arbeiten sie aus dem Felsen zunächst eine weiche blaue Lage aus, die sie den Haustein nennen. Sie suchen dabei eine Sohle oder einen Abgang, um von dort aus nach dem Liegenden hin die folgenden Lagen als den Hauptstrich im Hohlbau abkeilen zu können (Abb. 2).

Der Mangel an brauchbarem Gestein und der schwierige Hohlbau haben die Steinmacher veranlaßt, auch

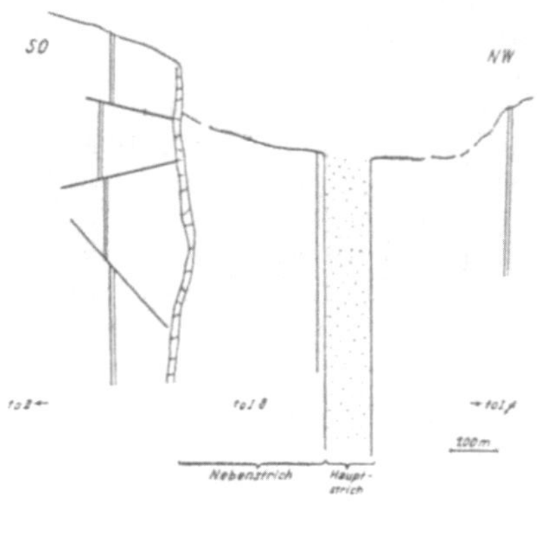

Abb. 3. Profil durch den Wetzsteinbruch auf der Höhe des Lerchenberges bei Steinach/Thür.

Abb. 4. Wetzschiefer mit Kalkstreifen- und Kalkknotenlagen am Hinteren Lerchenberg bei Steinach/Thür. Schieferung deutlich erkennbar. Phot. M. VOLK. 1934

das Hangende zu untersuchen. Als sich brauchbare Lagen fanden, sind sie zum Tagebau übergegangen und haben so den Nebenstrich (Tab. 2) erschlossen.

Das Profil (Abb. 3) vom Wetzsteinbruch am Lerchenberg gibt Einblick in den Tagebau und zeigt, wie durch die hereinbrechenden Flanken der Aufschluß so erweitert wurde, daß jetzt to Iδ fast vollständig freigelegt ist.

In den Schichten zu to Iγ hin sowohl als auch nach to II fanden sich noch nutzbare Lagen, die aber von untergeordneter Bedeutung sind.

Wir unterscheiden die milden reinen Tonschiefer von blauer (hellblau und dunkelblau), hellgrüner und gelbgrüner Farbe und die Kalklagen, welche an der Stirnfläche bei eintretender Verwitterung teils als knotige Streifen, teils als Bänder zu erkennen sind (Abb. 4).

Die Schieferlagen sind meist mit den Kalklagen verwachsen. Es sind auch Lagen dabei, bei denen verschiedenfarbige fest verbunden sind. Mitunter lösen sich jedoch verschiedenfarbige Lagen auch gut ab, besonders dann, wenn „Rutschflächen" dazwischenliegen.

Die Mächtigkeit der Lagen ist in den einzelnen Brüchen kaum verändert. Wo es der Fall ist, werden tektonische Ursachen vorliegen. Die schönsten Farben treffen wir an der Oberfläche. Nach der Tiefe zu bleiben die Schieferlagen mehr blau. In der Härte kann der Uneingeweihte kaum einen Unterschied erkennen. Der Steinmacher merkt jedoch beim Sägen jede Feinheit.

Für ihn ist auch die Spaltrichtung von Bedeutung, die wir noch kennenlernen werden.

Über die Zusammensetzung der Schiefer liegt eine ältere Analyse vor. C. W. GÜMBEL (1879, S. 290) hat sie gebracht, leider aber nicht angegeben, aus welchem Horizont der untersuchte Wetzschiefer stammt.

Die petrographische Dünnschliffuntersuchung[1]) zeigt, daß die hellen, gelben und grünen Wetzschiefer eine Grundmasse aus hellem Glimmer, Chlorit und wenig Quarz besitzen, deren Korngrößen 1—10 μ betragen und 10 μ selten überschreiten. Dazwischen liegt ein nur z. T. eingeregelter bis 50 μ großer blastischer Chlorit, der der Farbe nach zum Pennin zu stellen ist. Stellenweise scheint dieser „Pennin" sich in Stilpnomelan (?) umzuwandeln.

Das Material der blauen Schiefer ist nicht so gleichmäßig körnig. Bei gleichen unteren Korngrößen ist das Maximum und der Durchschnitt der Korngrößen nach oben hin verschoben. Die Glimmer und Chlorite der Grundmasse erreichen bis $2\times20\,\mu$, die Quarze $> 50\,\mu$. Bis maximal $0{,}25\times0{,}6$ mm große Augen eines rhomboedrischen Karbonats werden von der Grundmasse umflossen. Opakes Material, Bitumen und Erz, ist reichlicher als bei den hellen, gelben und grünen Varietäten eingelagert und bedingt die dunklere Farbe der blauen Wetzschiefer.

Die gebrochenen Steinplatten werden zunächst durch Aufklopfen auf Festigkeit geprüft und nach Reinheit, vor allem auf Gehalt an Eisenkies, untersucht, ehe mit dem Pickel die anhaftenden Kalkknotenlagen, die „Knuperschichten", abgehackt werden.

Mit dem Laufkarren kommen sie vom Bruch in die Wetzsteinmacherhütte oder zum Steinloch, wo sie bis zur Verarbeitung bergfeucht aufbewahrt werden. Natürlich achtet der Steinmacher auf die Sortierung nach der Farbe des Gesteins und der Dicke der Platten.

Tektonik

Beim Abbau des Hauptstrichs wurde am Westhang des Lerchenberges ein Teil einer Falte freigelegt. Ihre Verbindung mit den Lagen im Wetzsteinbruch konnte durch Schürfe festgestellt werden. Sie ist in Abb. 5 dargestellt.

Gewisse Teile des Aufschlusses im Wetzsteinbruch am Hirtenrangen (Abb. 6a—c) zeigen Ähnlichkeit mit den obenerwähnten Falten. Es kommt jedoch noch die Zerscherung des Faltensattels dazu.

Zieht man schließlich das Profil im Dachschiefer am Sonneberger Berg (Haynsberg) zum Vergleich heran, so darf man wohl annehmen, daß diese Spezialfalte mehr oder weniger stark gestört auf größere Entfernung das Oberdevon und den Unteren Kulm erfaßt hat. Daß sich die Scherflächen auch durch die Faltenschenkel hindurchziehen und kleine Verwerfungen anzeigen, ist am Weinberg deutlich zu sehen.

Die bei der Aufnahme des Profils bereits erwähnten „Rutschflächen", die in allen Wetzsteinbrüchen zwischen den gleichen Lagen ausgebildet sind, und die den Wetzsteinmachern die Arbeit erleichtern, mögen mit der Faltung im Zusammenhang stehen.

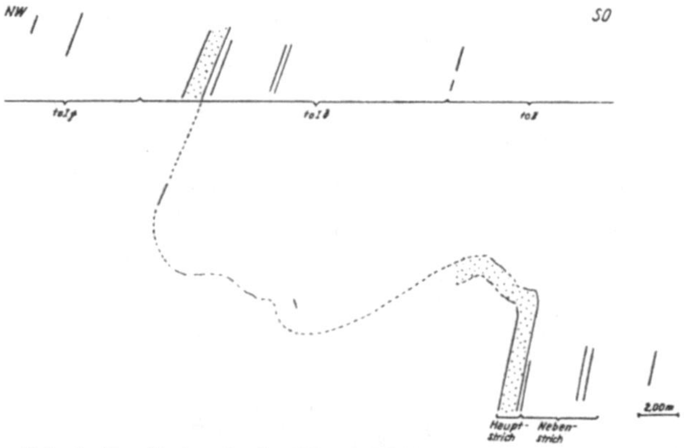

Abb. 5. Profil durch die Wetzschieferlagen am Lerchenberg bei Steinach/Thür.

[1]) Die Dünnschliffuntersuchung wurde im Geologischen Dienst Jena durch Herrn Dipl.-Min. STEINIKE durchgeführt. Ich danke Herrn Dr. REH für die Mitteilung des Ergebnisses.

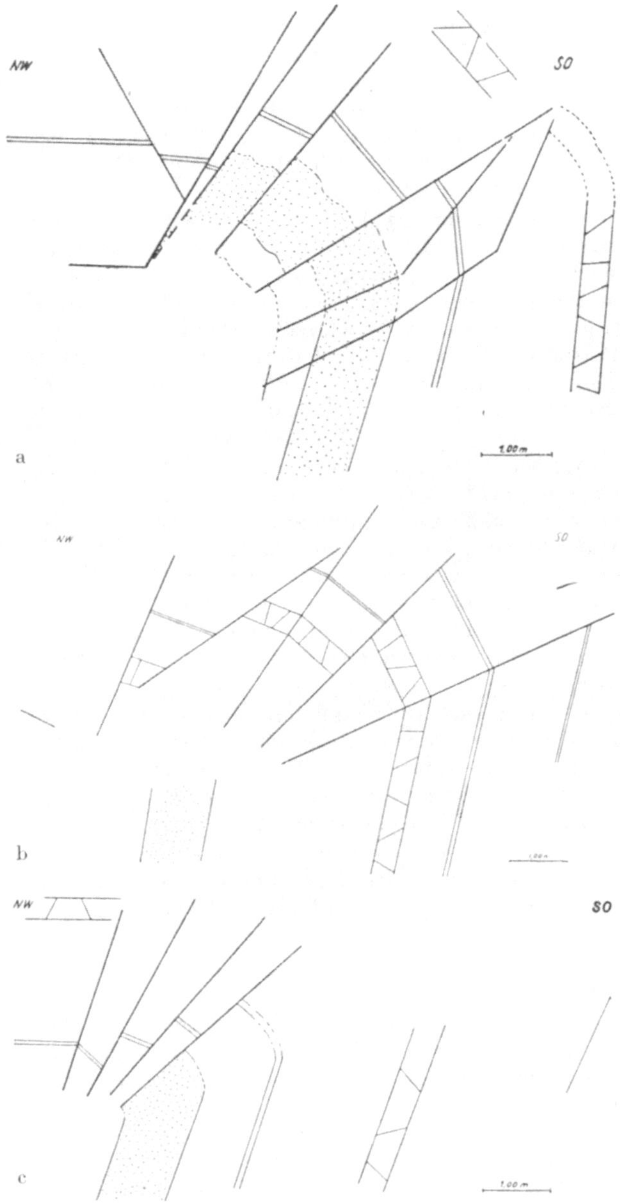

Abb. 6a—c. Zerscherung des Faltensattels am Hirtenrangen bei Steinach/Thür. im Haupt- und Nebenstrich (toIδ)

Die Schieferung zeigt sich gut an den Stirnflächen der Schichtenpakete. Sie ist immer nur in den Schieferlagen zwischen den Kalklagen ausgebildet, jedoch nicht in diesen sowie in den mehr sandigen Lagen und der „Wackeschicht" (Abb. 4).

Wetzsteinerzeugnisse

Aus den Schieferlagen hat man „die ganz feinen blauen, grünen und gelben Uhrmacher- und Goldschmiedsteine, sowie die grünen Barbiersteine, auch die Kugel- und Schrotformen, sowie die Farbplatten der Läufer", also die Wassersteine, wie wir neuerdings sagen würden, hergestellt. Auch die Decknäglein, die in der Bijouteriefabrikation Verwendung finden, sowie die Gerbersteine („Gerberrutscher"), die zur Entfettung der Felle gebraucht wurden, sind aus Wetzschiefer gefertigt worden. Neuerdings kommen noch die Schleifringe hinzu.

Betrachten wir zunächst die Herstellung der Abziehsteine für Rasiermesser und Federmesser, die auch unter der Bezeichnung „Thüringer Wassersteine" gehandelt werden.

Je nach Bestellung holt der Wetzsteinmacher die Schieferplatten aus dem Steinloch und bringt sie auf den Sägetisch der Steinsäge, die im Prinzip einer Holzbearbeitungsmaschine gleicht. Allerdings wird hier die aus einem Stahlblatt bestehende Kreissäge mittels eines Hebels unter Zuhilfenahme des Fußes durch das gesamte Körpergewicht des Steinmachers an die Schieferplatte, die auf dem Sägetisch fest aufliegt, herangeführt. Bei der Auflage der Platte ist genaue Kenntnis des Gesteins nötig, denn nur so können schöne „Klötze" gesägt werden, die die Länge der Abziehsteine haben. Sie werden mit dem Spalteisen getrennt, damit sie die Dicke bekommen, wie sie die Wetzsteine haben sollen. Durch nochmaliges Sägen entstehen die rohen Abziehsteine, die man hier und da nochmals mit dem Spalteisen bearbeiten muß.

Mit der Hobelmaschine werden die „rohen Steine" vorgeglättet. Das Polieren erfolgt zumeist auf einer sich drehenden Eisenscheibe, die abwechselnd mit Wasser und mit feinem Sand bespritzt wird. Später werden sie auf feinem Schmirgelpapier trocken nachpoliert. Teils werden die Abziehsteine einfach verpackt, teils in Holzkästchen gelegt.

Das Polieren erfolgte früher im Handbetrieb. Frauen rieben die vorgeglätteten Wetzsteine auf einer Eisenplatte mit Wasser und Sand. Feinere Polierarbeit wurde nicht ausgeführt.

Als noch keine elektrische Kraft in den Wetzsteinhütten verfügbar war, hatte man die Schieferplatten in einen einfachen Sägebock gespannt, der nur aus zwei in die Erde gerammten Bohlen bestand, die durch eine Schraube zusammengehalten wurden. Durch geschicktes Sägen mit einer Handsäge mit „hartem Sägeblatt" wurden die „rohen Steine" hergestellt.

Um diese vorzuglätten, wurden sie durch eine selbstkonstruierte „Durchmachmaschine" (Abb. 7) getrieben, die wegen ihrer Originalität hier genauer beschrieben werden soll.

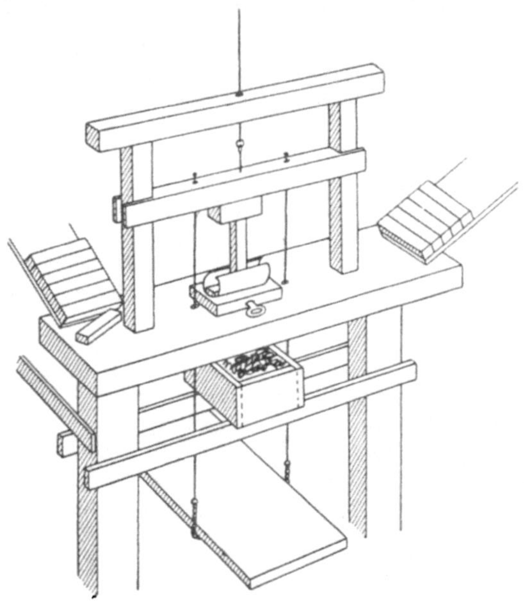

Abb. 7. „Durchmachmaschine" zum Vorglätten der Wetzsteine (Tisch = 1m lang)

Zwei stärkere Rundhölzer von etwa 1,50 m Länge sind in die Erde eingerammt und oben durch einen „Tisch" verbunden, der in der Mitte einen viereckigen Ausschnitt hat. Über diesem Ausschnitt stehen zwei scharfe Eisen, die sich in der Entfernung voneinander verschieden einstellen lassen. An einer federnden Stange, die dicht unter dem Dach der Hütte befestigt ist, hängt ein Querbalken mit einem Klotz an der Unterseite, dieser Balken hat Führung mit den beiden senkrecht in den „Tisch" eingelassenen, versträmten Kanthölzern und ist durch eine Kette mit einem Trittbrett verbunden, auf das sich der Steinmacher stellen kann. Durch einen Tritt mit dem Fuß bzw. durch einen Ruck mit dem ganzen Körpergewicht wird der auf die Eisen aufgesetzte „rohe Stein" durch die Eisen gestoßen und geglättet. Die Stange, an der der obere bewegliche Teil der „Maschine" hängt, bringt diesen in seine alte Lage zurück.

Die Wetzsteine werden als Wassersteine bezeichnet, weil sie nur mit Wasser angefeuchtet werden dürfen. Die Benutzung öliger Flüssigkeiten macht sie unbrauchbar.

Sie werden in folgenden Größen hergestellt:

Länge	5	6	7	8	9	10 Zoll
Breite	20	30	40	45	50	55 mm
Dicke	15	16	18	20	22	23 mm

Zu jedem Abziehstein gehört auch ein „Aufreiber", also ein kleiner Wetzstein, mit dem man Unebenheiten, die beim Wetzen entstehen, wieder ausgleichen kann.

Neben diesen Rasier- und Federmessersteinen müssen wir die Schleifringe erwähnen, die neuerdings mit 90, mit 110 und auch mit 240 mm Durchmesser angefertigt werden. Dadurch, daß sie auf eine Scheibe befestigt werden können, ist in Betrieben das Schleifen feiner Geräte bedeutend erleichtert.

Ebenso wie die Schleifringe sind auch die Gerbermesser (Gerberrutscher), mit denen die fettigen Anhänge an den Häuten entfernt werden, von Bedeutung. Es sind Teile eines Kreisringes, bei denen der Rücken scharfkantig ist.

Die sog. Decknäglein, viereckige Stifte von 25 cm Länge und einem Querschnitt von 0,8 · 0,8 cm, werden heute kaum noch gefragt. Früher benutzte sie allerdings jeder Uhrmacher zum Feinschleifen recht gern.

Kugel- und Schrotformen, kleine verhältnismäßig schwache Plättchen, sind gut geeignet, den Nürnberger Zinngießern zu helfen.

Die Farbreibeplatten und die dazugehörigen Läufer, die in der Hauptsache nach Nürnberg gehandelt wurden, werden heute aus anderem Material hergestellt.

Kunstgegenstände, Uhrengehäuse und Vasen lassen sich nur schwer aus den verhältnismäßig schwachen Lagern drehen, so daß es nur bei Versuchen geblieben ist.

Betriebsform

Die ersten Wetzsteinmacher waren Pächter staatlichen Geländes, wofür sie vierteljährlich 1 fl. (Gulden) zahlten. Sie entnahmen dafür aus den Bruchlöchern das Gestein, daß sie nur selbst verarbeiten durften. Das Sägen, Zurichten, Schleifen und Polieren fand in der eigenen Behausung statt. So können wir die Wetzsteinmacher unter die selbständigen Handwerker einreihen, wenn sie auch nicht zünftig gelernt hatten.

Nach 1862 wurde erlaubt, auch Familienangehörige auf dem Bruch zu beschäftigen. Das ist die Zeit, in der kleine Hütten an den Bruch gebaut wurden, in denen bis auf Schleifen und Polieren alle Arbeiten durch die gesamte Familie ausgeführt wurden. Die Vorschriften, die betr. des Aufenthalts und der Feuerung u. a. Verrichtungen im Pachtvertrag unterschrieben werden mußten, wollen wir hier nicht alle anführen. Der Steinmacher war jetzt Hausindustrieller.

Mit der Einführung der Gewerbefreiheit hatten auch Kaufleute, die die Wetzsteinerzeugnisse handelten, solche Bruchlöcher gepachtet und ließen sie durch Steinmacher betreiben. Sie stellten den Rohstoff, die Arbeitsstätte und auch das Arbeitsgerät. Damit war die neue Betriebsform der „kleinen Fabrik" entstanden. Diese Form traf auch für den Staat Sachsen-Meiningen zu, der das Privileg der Gewinnung des Rohstoffs auf seinem Boden zurückforderte und so als Arbeitgeber auftrat.

Wie bereits erwähnt, suchten nach 1891 die ehedem herrschaftlichen Wetzsteinmacher Privatgelände zu erwerben und dort selbständig zu fabrizieren. Die Handelsfirmen in Sonneberg hatten es nicht mehr nötig, einen eigenen Bruchbetrieb zu unterhalten. Die Wetzsteinfabrikanten lieferten ihnen die fertige Ware, die sie in ihren Brüchen und den dabeistehenden eigenen Hütten zurichteten und im Keller des eigenen Wohnhauses verfeinerten.

Als die Steinacher Wetzsteinmacher anfingen, selbst zu exportieren, suchten die Sonneberger Kaufleute wieder Gelände für eigene Wetzsteinbrüche, um dort arbeiten zu lassen. Das Schleifen und Polieren übernahmen sie selbst und ließen die Ware in Sonneberg veredeln und versandbereit machen.

Damit war die Wetzsteingewinnung neben der hausindustriellen Form auch auf fabrikmäßigen Betrieb umgestellt worden.

Wirtschaftliche Bedeutung

Die Wetzsteine, die aus den silurischen und kulmischen Schiefern hergestellt wurden, sind von jeher für den Sonneberger Handel von besonderer Bedeutung gewesen. SONNHOFF (1735) nennt ihn sogar „das echte Mark der Sonnebergischen Handlung". Es ist daher kein Wunder, daß die alten „Wetzsteinfirmen" auch Handel mit Wassersteinen, also mit allen Erzeugnissen aus dem oberdevonischen Wetzschiefer trieben.

In den ersten Jahren nach 1806 kann der Handel mit diesen Erzeugnissen nicht umfangreich gewesen sein. Arbeiteten doch nur 4 Steinmacher im Wetzsteinbruch am Hirtenrangen und zahlten dafür 4 fl. an die Staatskasse. Bedeutungsvoller müssen die Brüche in den Jahren um 1862 gewesen sein. Man zählte zu dieser Zeit schon 16 Steinmacher. Die höchste Zahl der Beschäftigten wird 1927 mit 30 angegeben.

Mit dem Rückgang des Exports und dem aufkommenden Kunststein besteht jetzt nur noch wenig Interesse an der Wetzsteinfabrikation. Die Hütten sind verfallen oder dem Verfall nahe. Nur ein Wetzsteinmacher, der eigenes Gelände besitzt, arbeitet noch selbständig nach der Art seiner Väter. Er verwendet allerdings Maschinen und exportiert selbst, ist also Hersteller und Kaufmann zugleich.

Zahlen über den Umsatz aus früherer Zeit erfahren wir durch H. CREDNER (1843), der die Produktion mit 4500 Dtz. Steine jährlich angibt, während D. VOIT (1844) den Wert von 50000 Stück mit 8400 fl. schätzt und darauf hinweist, daß das doch eine bedeutende

Summe sei, die durch dieses Geschäft ins Land käme. Auf dieser Höhe mag sich der Umsatz lange gehalten haben. Das bestätigt A. HÖHN (1913). Die höchste Produktion wird in den Jahren nach 1918 bei erstmaligem Einsatz von Maschinen mit 60000 Dtz. jährlich angegeben.

Hauptabsatzgebiet war in den ersten Jahrzehnten Nürnberg. Danach wurden (nach dem Umsatz geordnet) Nordamerika, Rußland, Deutschland, Österreich, Schweiz, Dänemark, Schweden und Frankreich beliefert. Heute geht der größte Teil der Fertigung nach Westdeutschland.

Obwohl die Wetzsteingewinnung aus den oberdevonischen Schiefern nie von ausschlaggebender Bedeutung für unsere Wirtschaft war, weder für Sonneberg, das hauptsächlich den Handel besorgte, noch für Steinach, das die Steine fabrizierte, hat die Industrie der Wassersteine, der Federmesser-Steine und der Formsteine doch in gewisser Hinsicht Weltbedeutung gehabt. Und dies lag vor allem in der Einmaligkeit des Vorkommens der Wetzschiefer.

Literatur

CREDNER, H.: Übersicht über die geognostischen Verhältnisse Thüringens und des Harzes. — 1843.

DEUBEL, F.: Erläuterungen zur Geologischen Karte von Preußen und den benachbarten deutschen Ländern. – Berlin 1929.

FEYBERG, B. v.: Steinach (S. M.) und seine nutzbaren Gesteine. – Steinbr. u. Sandgrube, H. 11, S. 20, Halle 1923.

GÜMBEL, C. W.: Geognostische Beschreibung des Fichtelgebirges. — Gotha 1879.

HÖHN, A.: Die Wetzsteinindustrie von Steinach. — Handschriftl. 1913.

LORETZ, H.: Erläuterungen zur geologischen Spezialkarte. Bl. Steinheid. – Berlin 1885.

–: Erläuterungen zur geologischen Spezialkarte. Bl. Spechtsbrunn. – Berlin 1885 (1885 a).

PFEIFFER, H.: Die Tektonik des Dachschiefers im Ostthür. – Schiefergebirge. Geologie Heft 7/8, Berlin 1955.

RABIEN, A.: Die stratigraphische Bedeutung der oberdevonischen Ostracoden. — Z. deutsch. geol. Ges. Bd. 106, 2. Teil, S. 217–226, 2 Abb., Hannover 1956.

SONNHOFF, H. E.: Beschreibung des Obergerichts Sonneberg de anno 1735. – Sonneberg 1924.

VOIT, D.: Das Herzogtum Sachsen-Meiningen: Historisch, statistisch, geographisch und topographisch dargestellt. — Gotha 1844.

VOLK, M.: Das Oberdevon am Schwarzburger Sattel zwischen Südrandspalte und Kamm des Thüringer Waldes. — S. B. phys. med. Soc. Erlangen, 70, S. 147–278, 1 Taf., 5 Abb., Erlangen 1939.

–: Thüringer Wassersteine. – Natur und Volk. 69, S. 595–599, 5 Bilder, Frankfurt/Main 1939.

Acta Forstamt Steinach/Thür. 1807 (betr. Pachtverträge).

Die Diffusion von Kohlenwasserstoffgasen durch Steinsalz

P. L. ANTONOW, G. A. GLADYSCHEWA & W. P. KOSLOW[1])

Die Frage der Möglichkeit einer Diffusion von Gasen durch Eindampfungsgesteine, insbesondere Steinsalz, blieb bis jetzt experimentell wenig erforscht. Zuerst gelang es A. A. TSCHEREPENNIKOW, einige experimentelle Daten zu gewinnen.

Danach besitzen verschiedene Salze der Lagerstätte von Solikamsk in ihrer natürlichen Lagerung den tausendsten bis hundertsten Teil des Koeffizienten der technischen Gasdurchlässigkeit. Dieser wird von A. A. TSCHEREPENNIKOW durch die Gasmenge in ml definiert, die in 1 Minute eine Probe vom Querschnitt 1 cm^2 und der Länge von 1 cm durchströmt. Nach seinen Angaben ist die Durchlässigkeit von Salzfolgen mit häufigeren tonigen Zwischenlagen besonders groß. Bis jetzt wurde jedoch Steinsalz als ein sicherer Isolator von Erdöl- und Gaslagern angesehen. Erhärtet wurde diese Meinung nur durch die Gegenüberstellung der Größe des NaCl-Gitters von $2{,}8 \cdot 10^{-8}$ cm und des Moleküldurchmessers der leichtesten Kohlenwasserstoffe, der beim Äthan $4{,}7 \cdot 10^{-8}$ cm und beim Methan $4 \cdot 10^{-8}$ cm beträgt, also größer ist.

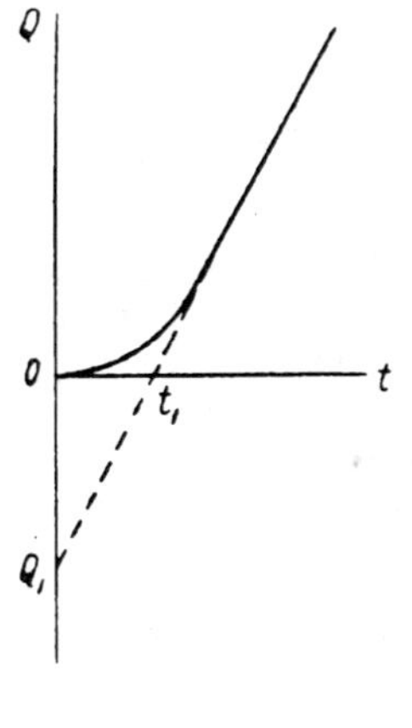

Die diffundierende Gasmenge Q wird anfangs nichtstationär, später linear in Abhängigkeit von der Zeit t zunehmen. Diese Abhängigkeit (Abb.) wird wiedergegeben durch die Formel

$$Q = \pi r^2 \beta C_0 l \left(\frac{Dt}{l^2} - \frac{1}{6} + \frac{2}{\pi^2} \cdot \sum_1^n (-1)^{n-1} \frac{1}{n^2} l^{-n^2 \pi^2 \frac{Dt}{l^2}} \right)$$

Hierbei bezeichnen C_0 die Gaskonzentration der Gasquelle, r und l den Radius bzw. die Höhe der zylindrischen Probe, D und β den Koeffizienten der Diffusion bzw. die Gasaufnahmefähigkeit des zu untersuchenden Gesteins, n die Zahlen der natürlichen Zahlenfolge. Die Ausrechnung der benötigten Diffusionsparameter D und β erfolgt nach den Formeln

$$D = \frac{1}{6} \cdot \frac{l^2}{t} \qquad \text{und} \qquad \beta = \frac{6\,Q_1}{\pi r^2 l C_0}$$

wobei t_1 und Q_1 die Abschnitte auf den beiden Koordinatenachsen sind, die von der Verlängerung des geradlinigen Teils der Kurve abgeschnitten werden (s. Abb.).

Die so experimentell ermittelten Diffusionsparameter erlauben eine ungefähre Abschätzung der Größe des Diffusionsstromes A von Kohlenwasserstoffgasen durch eine Folge von Steinsalzablagerungen nach der Formel

$$A = \beta D \frac{dC}{dZ}$$

wobei $\frac{dC}{dZ}$ der Konzentrationsgradient im Diffusionsmittel ist. Für den einfachsten Fall eines stationären Stromes kann man $\frac{dC}{dZ} = 10^{-3}$ setzen, was einer Druckänderung von 1 at je 10 m Tiefenzunahme entspricht.

Die Textur- und Strukturbesonderheiten eines Salzlagers bestimmen entscheidend die Gasdiffusion. Die Frage der Abhängigkeit der Gasdiffusion vom Alter des Salzes ist noch ungeklärt, jedoch ändert sich zweifellos die Gasaufnahmefähigkeit β einzelner Proben sehr wesentlich. Beim Methan z. B. steigt dieser Wert bis um das 8fache und zeugt damit von einer beträchtlichen Gasaufnahmefähigkeit des Salzes, wie sie nach den Ergebnissen von P. L. ANTONOW für Methan noch bei keinem Gestein mit natürlichem Feuchtigkeitsgehalt festgestellt worden ist.

[1]) Geologie des Erdöls (russ.). Gostoptechisdat 1958, H. 2, Moskau, S. 47ff., etwas gekürzt.

Für eine Probe devonischen Salzes von grauer Farbe und bedeutender Brüchigkeit aus einer Tiefe von 2173 m (Bohrung Issatschki; Dnjepr-Donez-Senke), das von einer Vielzahl feinster Risse durchzogen ist, die ein Mosaik von 2–3 mm großen Blöcken ergeben, wurden mit Hilfe seiner Diffusionsparameter folgende Angaben errechnet:

Der Ausfluß von Methan aus einem reinen Methanlager beträgt $88{,}5 \cdot 10^6 \frac{m^3}{km^2}$ in 1 Million Jahren.

Der Ausfluß von Äthan aus einem reinen Äthanlager beträgt $175 \cdot 10^6 \frac{m^3}{km^2}$ in 1 Million Jahren.

Auf diese Weise kann man die Größe des Diffusionsstromes aus einer gemischten Lagerstätte errechnen.

Die Berechnungen beweisen also, daß die Gasmigration sehr beträchtlich werden kann. Die Migrationswege sind hier ein dichtes Netz von Makro- und Mikrorissen, die die Salzkristalle in verschiedenen Richtungen spalten. Eine solche Zerklüftung des Steinsalzes ist allgemein verbreitet und grundsätzlich verschieden vom idealen Bau des NaCl-Kristalls. Nach R. BALK wird die Klüftung in Salzmassiven ab 200–250 m Tiefe rasch größer. Die plastischen Eigenschaften des Salzes, die nur bei sehr hohen Drücken, wie sie gewöhnlich bei starken Beanspruchungen entstehen, auftreten, widersprechen nicht diesem Sachverhalt. Die Vorstellung von der Zerklüftung des Steinsalzes wie auch anderer Halogenide stimmt gut damit überein, daß überall, wo sich im Liegenden der Salze Öl- und Gaslager befinden, die Salze stets in reichem Maße Öl- und Gasanzeichen enthalten.

Abschließend folgen die Diffusionsparameter der Probe:

Methan			Äthan		
D, cm^2/s	β	β D, cm^2/s	D, cm^2/s	β	β D, cm^2/s
$2{,}8 \cdot 10^{-6}$	$1{,}0 \cdot 10^{-1}$	$2{,}8 \cdot 10^{-7}$	$1{,}35 \cdot 10^{-6}$	$4{,}1 \cdot 10^{-1}$	$5{,}55 \cdot 10^{-7}$

Zur Methodik der Bestimmung der Menge der Bilanzvorräte an Gas in Erdöl- und Erdgaslagerstätten

P. J. MICHAILITZKIJ [1])

Bei der Bewertung der Vorräte von Erdöl-Gas-Lagerstätten und Erdgaslagerstätten entstehen bei der Bestimmung des Verhältnisses zwischen Bilanz- und Außerbilanzvorräten des im Öl gelösten und des freien Gases oft Schwierigkeiten im Zusammenhang mit der Anwendung ungenügend gesicherter Koeffizienten der Gasabgabe. Meistens wurden die Vorräte an gelöstem Gas nicht nach den Untersuchungsdaten von Erdölproben aus der Schicht, sondern nach dem Gasfaktor berechnet, der an der Bohrlochmündung gemessen oder gar rechnerisch nach der Kurve der Abhängigkeit der gelösten Gasmenge vom Druck, vom spezifischen Gewicht des Erdöls und von der Temperatur ermittelt wurde. Die so bestimmten Werte geben nicht die wahren Gasvorräte wieder. Meist wurden die Bilanzvorräte des gelösten Gases nach den Erdölbilanzvorräten berechnet, ohne das Regime der Erdöllager zu beachten. Ein solches Verfahren ist für Lager ohne Wasserdruckregime völlig ungeeignet. Der in den Vorratsberechnungen verwendete Gasabgabekoeffizient ist außerdem abhängig von den Speichereigenschaften der gasführenden Gesteine, vom geologisch-lithologischen Aufbau der Lager. Die Größe dieses Koeffizienten wird nach M. A. SHDANOW („Methoden der Berechnung der unterirdischen Erdöl- und Gasvorräte") im Bereich 0,8–0,97 angenommen, wobei der Wert 0,9 gewöhnlich verwendet wird, obwohl SHDANOW es für methodisch notwendig erachtet, den Koeffizienten der Gasabgabe gleich 1 zu setzen, und den Wert nicht für Gasverluste im Erdinnern, sondern für solche an der Oberfläche bei der Exploitation und beim Transport auf 0,9 reduziert. Die Vorschläge von M. A. SHDANOW zur Bestimmung der Bilanzvorräte des im Erdöl gelösten Gases laufen darauf hinaus, die Vorräte des Gases nicht nach dem an der Erdoberfläche gemessenen Gasfaktor zu bestimmen, sondern nach der Löslichkeit von Gas im Erdöl bei gegebenem Schichtdruck. Hierbei muß man die Bilanzvorräte für Erdöllager mit Wasserdruckregime nur nach den Bilanzvorräten des Erdöls bestimmen, für Lager mit anderen Regimen jedoch nach den Bilanz- und Außerbilanzvorräten des Erdöls, auf Grund von Daten über die anfängliche und die restliche Gaslöslichkeit im Erdöl errechnen. Die Restlöslichkeit wird im Laboratorium festgestellt. Von M. A. SHDANOW wurden auch entsprechende Formeln zur Bestimmung der betreffenden Gasbilanzvorräte in Lagern ohne Wasserdruckregime angeführt. Generell kann man die Restlöslichkeit des Gases auf 10 m^3 je t Erdöl bei 2 ata annehmen. Für Gaslager mit Gasregime schlug M. A. SHDANOW vor, den Gasabgabekoeffizienten 0,9 zu verwenden.

Auf der Tagung der Sektion Erdöl und Gas der Staatlichen Kommission für Vorräte nutzbarer Lagerstätten beim Ministerrat der UdSSR wurden eine Anzahl Vorschläge von W. P. SAWTSCHENKO, G. K. MAXIMOWITSCH, I. P. SUBOW, N. S. JEROFEJEW, A. L. KOSLOW, S. N. SCHANGIN, A. A. TROFIMUK, M. I. MAXIMOW und W. N. DACHNOW u. a. angehört. Man brachte die oft sehr verschiedenartigen Meinungen auf einen Nenner und arbeitete zur zutreffenderen Bestimmung von Gasbilanzvorräten provisorische Richtlinien aus:

„1. Die Gesamtvorräte des im Erdöl gelösten Gases sind nach der Untersuchung von Erdölproben aus der Schicht zu bestimmen. Die Bilanzvorräte des im Erdöl gelösten Gases sind nach dem Gasfaktor zu bestimmen, der an der Bohrlochmündung bei 1 ata gemessen wurde. Der Gasfaktor ist als Mittelwert anzunehmen, wie er beim Testen der Erkundungsbohrungen und in der Anfangsperiode der Exploitation des Lagers erhalten wird.

2. Die Bilanzvorräte des im Erdöl gelösten Gases sind für Erdöllager mit Wasserdruckregime nur nach den Bilanzvorräten des Erdöls zu bestimmen, für solche aber mit anderen Regimen (ohne Wasserdruck), bei denen der Gasabgabekoeffizient größer ist als der Erdölabgabekoeffizient, aus der Summe der Bilanz- und

[1]) Geologie d. Erdöls (russ.). Gostoptechisdat 1958, H. 2., Moskau, S. 65ff. gekürzt.

Außerbilanzvorräte des Erdöls nach der etwas veränderten Formel von M. A. SHDANOW:

$$V = Q_B \cdot r_0 + Q_{AB}(r_0 - q) - Q_N \cdot R_R$$

In dieser Formel stellen V die Bilanzvorräte des im Erdöl gelösten Gases in m^3 dar; Q_B die Bilanzvorräte des Erdöls in t; r_0 den mittleren, erstregistrierten und an der Bohrlochmündung bei 1 ata gemessenen Gasfaktor in m^3 t; Q_{AB} die Außerbilanzvorräte des Erdöls in t; q die Restmenge des Gases in m^3 je t Erdöl bei einem restlichen Schichtdruck von 10 ata; Q_N die Bilanzvorräte des Erdöls in m^3 unter Schichtbedingungen oder den Inhalt des von den Bilanzvorräten des Erdöls eingenommenen Porenraumes; R_R den restlichen Schichtdruck am Ende der Ausbeutung der Lagerstätte mit bedingungsweise 10 ata.

Aus der angeführten Formel ist ersichtlich, daß sich die Gasverluste im Erdinneren aus der Restmenge des Gases im Außerbilanzerdöl bei einem restlichen Schichtdruck von 10 ata und dem freien Gas in dem Porenraum zusammensetzen, der infolge der Förderung der Bilanzvorräte des Erdöls frei wird. Die Gesamtgasvorräte, die in den Gesamterdölvorräten enthalten sind, sind nach dem Gasfaktor von Ölproben aus der Schicht zu bestimmen, um die Differenz zwischen ihnen und den Bilanzvorräten zu klären.

3. Die Gasvorräte der Gaslager und der Gaskappen von Erdöllagerstätten sind unabhängig vom Regime vollkommen zu den Bilanzvorräten zu stellen mit Ausnahme des Teils von ihnen, der auf 1 ata Restdruck kommt."

Diese Richtlinien sind als provisorische methodische Anleitung zur Bewertung von Gasvorräten in Erdöl- und Erdgaslagerstätten bis zur Ausarbeitung neuer methodischer Richtlinien für alle entsprechenden Institutionen der UdSSR verbindlich.

Bemerkungen zum gegenwärtigen Stand der Hochfrequenzseismik und zu ihrer Bedeutung

HEINZ BARTZSCH, z. Z. Moskau

Wie bekannt, ist gegenwärtig eine der kompliziertesten Aufgaben der angewandten Seismik die eingehende Untersuchung geringer Tiefen ($H \leqq 300$ m), die große Bedeutung bei der Erforschung verschiedener Erz- sowie auch Kohlelagerstätten hat und bei der Lösung vieler ingenieurgeologischer Aufgaben von Wichtigkeit ist. Auf diesem Gebiet hat die angewandte Seismik in den letzten 10 Jahren vor allem durch die Anwendung höherer Frequenzen (70—500 Hz) große Erfolge erzielt.

Da es auf diesem Gebiet fast noch keine systematisch zusammenfassenden Arbeiten gibt, ist es um so mehr zu begrüßen, daß vom Verlag der Akademie der Wissenschaften der UdSSR eine auf dem neuesten Stand der Wissenschaft stehende, zusammenfassende Arbeit von I. S. BERSON „Die Hochfrequenzseismik" herausgegeben wurde, auf die sich Verf. hier im wesentlichen stützt.

Auf Grund der in dieser Arbeit dargelegten theoretischen und experimentellen Forschungsergebnisse kann man feststellen, daß die Bodenuntersuchungsmethoden der Hochfrequenzseismik in folgenden drei Grundrichtungen erarbeitet sind:

1) Lösung verschiedener geologischer Untersuchungsaufgaben bei der Erforschung geringer Tiefen ($H \leqq 300$ m).
2) Parametermessungen von Ausbreitungsgeschwindigkeiten elastischer Wellen in Gesteinen bei überirdischen und unterirdischen Bedingungen.
3) Experimentelle Untersuchung von Fragen der Physik der Ausbreitung seismischer Wellen unter realen Bedingungen.

Es sei hier erwähnt, daß die Hochfrequenzseismik auch bei Untersuchungen verhältnismäßig großer Tiefen ($H = 1{,}5-2{,}0$ km) mit sehr gutem Erfolg angewendet werden kann.

Bei der Beurteilung des zur Zeit vorhandenen theoretischen und praktischen Materials kann man folgende Schlußfolgerungen über die Anwendbarkeit der Hochfrequenzseismik bei geologischen Untersuchungsmethoden ziehen:

1) Die theoretischen Berechnungen und die Analyse der experimentellen Ergebnisse zeigen, daß man bei der Benutzung höherfrequenter Wellen eine bedeutend größere Zahl von Grenzschichten ermitteln kann, als bei der Registration im mittleren Wellenbereich möglich ist. Folglich wächst beim Übergang zur Hochfrequenzseismik das Auflösungsvermögen ganz enorm. Das ist zum Teil damit verbunden, daß die Interferenzzonen der hochfrequenten Wellen eine bedeutend geringere Ausdehnung haben. Aus diesem Grunde vergrößert sich die Zahl der Wellen, die man herausgreifen und einzeln verfolgen kann.

2) Die Bodenuntersuchungen mit Hilfe der Hochfrequenzseismik gestatten die Lösung einer Reihe neuer Aufgaben. Das ist möglich durch die verstärkte Ausnutzung der dynamischen Wellencharakteristiken. Da man bei Anwendung hochfrequenter seismischer Wellen eine bedeutend höhere Auflösung erreicht, ist die Möglichkeit gegeben, die individuellen dynamischen Besonderheiten jeder Welle einzeln zu untersuchen.

Gegenwärtig ist auf dieser Grundlage die qualitative Interpretation von Refraktionswellen bei vertikaler Schichtung erarbeitet. Diese Methode ist auch anwendbar bei der Kartierung von Verwerfungen und Auskeilungen sowohl in geringen als auch in großen Tiefen.

3) Die Hochfrequenzseismik gestattet die Lösung einiger geologischer Aufgaben, die bei Anwendung mittlerer Frequenzen prinzipiell nicht lösbar sind, z. B.

a) Auffindung und Kartierung von unter Deckgebirgen liegenden Zonen, bestehend aus vertikalen Schichten, die sich nur wenig in ihren elastischen Eigenschaften voneinander unterscheiden oder die aus dünnen vertikalen Schichten $\geqq 5$ m mit verschiedenen elastischen Eigenschaften bestehen.
b) Detailliertes Aufgliedern inhomogener vertikaler Schichten bei starker und schwacher Geschwindigkeitsdifferenzierung.
c) Detailliertes Aufgliedern dünner Schichten im horizontalschichtigen Medium.
d) Detailliertes Aufgliedern horizontalschichtiger Medien mit schwacher Geschwindigkeitsdifferenzierung.

Die angeführten Aufgaben, besonders die ersten beiden, basieren in der Hauptsache auf der Untersuchung der dynamischen Charakteristiken hochfrequenter seismischer Wellen.

Neben der Lösung dieser völlig neuen Aufgaben hat die Hochfrequenzseismik bei Arbeiten, wie sie bisher nur mit Wellen im mittleren Frequenzbereich durchgeführt wurden, folgende entscheidende Vorteile:

a) Große Genauigkeit bei der Bestimmung des Verlaufes von Grenzflächen und deren Tiefen.

b) Gute Detaillierung und hohe Genauigkeit bei der Untersuchung des Geschwindigkeitsprofils.

4) Die Hochfrequenzmethoden gestatten die parametrischen Geschwindigkeitsmessungen auf kleinen Basen. Je größer die Basis ist, auf der die mittlere Geschwindigkeit bestimmt wird, desto größer ist die Zahl der Faktoren, die auf die erhaltenen Geschwindigkeitsgrößen einwirken. Bei Geschwindigkeitsmessungen auf kleinen Basen wird die Messung nur auf einem kleinen Abschnitt des Mediums durchgeführt. Die erhaltenen Resultate entsprechen deshalb in viel größerem Maße den tatsächlichen Geschwindigkeitsgrößen in den verschiedenen Gesteinen.

Geschwindigkeitsmessungen mit Hilfe der Bestimmung des Laufzeitunterschiedes zwischen zwei Punkten kann man bei einem maximalen zulässigen Fehler von $\frac{\delta v}{V} = 10\%$ für Geschwindigkeiten von $V = 2000$ bis $5000 \frac{m}{s}$ auf der Länge von $\Delta x = 4-10$ m durchführen. Derartige Messungen lassen sich bei dem gleichen maximalen zulässigen Fehler auf noch kleineren Basen ausführen, wenn man die Zahl der auf die Länge der Basis gleichmäßig verteilten Laufzeitbestimmungspunkte entsprechend erhöht.

Dies gewährleistet eine detaillierte Untersuchung der Geschwindigkeitscharakteristiken verschiedener Medien. Solche Geschwindigkeitsmessungen lassen sich ebenfalls für seismische Mikrountersuchungen in Bergwerken benutzen.

5) Die Hochfrequenzseismik ist auf dem gegenwärtigen Stand ihrer Entwicklung nicht nur ein äußerst wichtiges Mittel zur Bodenuntersuchung, sondern gestattet auch die Aufklärung einer ganzen Reihe von Fragen der Physik der Wellenausbreitung in natürlichen Medien.

Versuche zur seismischen Orientierung von Grubenbauen[1)]

RUDOLF STRAUBEL, Berlin

Die Tagesöffnungen abgeworfener Gruben sind oft verbrochen, während die unterirdischen Baue unzerstört bleiben. Für die geologische Untersuchung werden solche Gruben nach Möglichkeit durch Mannlöcher befahren. Fehlen solche Hilfseingänge, macht man die Schächte, Stollen usw. in einfacher Weise zugänglich. Dabei wird der Querschnitt so gering wie möglich gehalten. Bevor man umfangreichere bergmännische Arbeiten ansetzt, wird über Tage und durch die Hilfseingänge auch unter Tage die Bauwürdigkeit der Lagerstätte untersucht. Die bei dieser Erstuntersuchung gewonnenen Erkenntnisse müssen auf einem Riß dargestellt werden. Diese Darstellung muß die oberirdisch und unterirdisch gewonnen Tatsachen verbinden. Es muß also ein Grubenbild hergestellt werden, das die Tagesoberfläche und die alten Grubenbaue enthält.

Die notwendige Verbindung zwischen den Messungen über und unter Tage muß durch die Mannlöcher bzw. notdürftig fahrbar gemachten Schächte und Stollen erfolgen. Das ist mit den bekannten Orientierungsmöglichkeiten nicht durchführbar. Die Orientierung alter Baue mit verbrochenen Tagesöffnungen nach einer der im Markscheidewesen üblichen Methode würde kostspielige bergmännische Vorarbeiten erfordern. Diese sind erst vertretbar, wenn die Lagerstätte hinreichend erkundet ist. Es ist also wünschenswert, in solchen Fällen eine Methode zur Hand zu haben, die unabhängig von den zu Tage gehenden Bauen die Orientierung einer Grube ermöglicht. Eine solche Methode könnte ebenfalls zur Orientierung natürlicher unterirdischer Hohlräume verwendet werden, sobald diese befahrbar sind.

Um von den Tagesöffnungen unabhängig zu sein, muß man versuchen, den Gebirgskörper selbst messend zu durchdringen. Dies ist möglich durch die Bestimmung der Laufzeit seismischer Wellen, wenn ihre Geschwindigkeit im Gebirge bekannt ist. Aus Laufzeit und Geschwindigkeit seismischer Wellen zwischen zwei Punkten läßt sich deren Entfernung berechnen. Kennt man aber die räumliche Entfernung dreier nach x, y und z bekannter Punkte zu einem vierten, so lassen sich auch dessen Koordinaten berechnen.

Es müßte folgender Weg, eine Grube zu orientieren, möglich sein:

a) Bestimmung der Koordinaten von zwei oder mehreren Punkten im Grubengebäude durch seismische Entfernungsmessungen zu Festpunkten über Tage.

b) Verbindung dieser Punkte durch markscheiderische Messungen.

c) Orientierung der Grube durch einfache oder verknotete Einrechnung.

Die Arbeit befaßt sich mit Punkt a). Die Punkte b) und c) gehören zur praktischen Erfahrung jedes Markscheiders und sind in der Fachliteratur ausführlich behandelt.

Als Ziel der Arbeit wird erstrebt, die Lagegenauigkeit eines seismisch bestimmten Punktes unter Tage auf ± 2 m (Streckenbreite) zu bringen. Diese Genauigkeit ist nicht von Ausdehnung und Form des Streckennetzes, der Entfernung des Punktes vom Schacht usw. abhängig. Überträgt man an den äußersten Punkten einer Grube Koordinaten mit der angegebenen Genauigkeit, so kann kein Punkt der Grube eine größere Unsicherheit haben.

Die in a) verlangten seismischen Entfernungsmessungen werden durch geologische und bergbauliche Einflüsse verfälscht. Die Größenordnung dieser Fehler kann man abschätzen. Die gewünschte Genauigkeit (± 2 m) erfordert jedoch ihre Reduzierung. Hierzu ist die Einführung der Höhe des Neupunktes geeignet, da sich eine Höhenübertragung in einfachster Weise in jedem befahrbaren unterirdischen Hohlraum ausführen läßt. Dem gleichen Zweck dient die Anordnung der Festpunkte möglichst symmetrisch um den Neu-

[1)] Kurzreferat der Dissertation des Verfassers an der Bergakademie Freiberg, November 1957.

punkt. Von je drei Festpunkten aus kann man mit Hilfe der seismisch bestimmten Entfernungen Näherungskoordinaten berechnen. Die Differenz der z-Koordinate gegen die Sollhöhe ist ein erstes Maß für die in den einzelnen Meßwerten enthaltenen Fehler. Diesen Fehler bestimmt man für jede seismisch bestimmte Entfernung aus mehreren Dreierkombinationen. Zur Kontrolle dienen die gleichen Kombinationen, ein zweites Mal mit den verbesserten Werten berechnet. Dabei muß die Differenz in z kleiner sein als ursprünglich, wenn die Verbesserungen richtig waren. Folgende Überlegung führt nun zur Überprüfung der ermittelten Verbesserungen und weiteren Minderung der Fehler. Auf der senkrechten Schnittebene durch je zwei mit dem Neupunkt etwa auf einer Geraden liegenden Festpunkte wird ein Bogenschnitt mit den zugehörigen, bereits einmal verbesserten Entfernungen ausgeführt. Er müßte in der Sollhöhe des Neupunktes liegen. Die Differenz gegen diese Höhe kann zur weiteren Verbesserung der zum Bogenschnitt benutzten Werte verwendet werden.

Die oben beschriebenen Maßnahmen erlauben es, die in den seismischen Entfernungsmessungen ursprünglich vorhandenen Fehler so weit zu reduzieren, daß sie als unregelmäßige Messungsdifferenzen im Sinne geodätischer Ausgleichung behandelt werden können. Dabei ist es nicht notwendig, die geologischen und bergbaulichen Verhältnisse des Meßgebietes zu kennen.

Für die schrittweise Fehlerreduzierung werden in der referierten Arbeit Beispiele gebracht.

Die Berechnung der endgültigen Koordinaten erfolgt dann als mehrfacher ebener und räumlicher Bogenschnitt. Eine grafische Lösung mit Hilfe von Hyperbelschnitten ist ebenfalls möglich.

In der Originalarbeit werden auf Grund dieser theoretischen Überlegungen praktische Vorversuche beschrieben, bei denen Geräteeinsatz sowie Tiefe und Besetzung der Bohrlöcher für eine Messung untersucht werden. Unter Berücksichtigung der bei den Vorversuchen gemachten Erfahrungen und der theoretisch als notwendig erkannten Bedingungen werden zwei Punkte in 400—500 m Tiefe bestimmt. Nach Reduzierung der seismisch bestimmten Entfernungen und Berechnungen der Koordinaten auf verschiedenen Wegen ergibt sich eine Differenz gegen die wahren Werte von 2,1 m.

Mit Hilfe der Koordinaten der Neupunkte können nun die Geschwindigkeiten der Stoßstrahlen zu den Festpunkten berechnet werden. Aus ihrer Gegenüberstellung lassen sich Rückschlüsse auf den Zustand der durchlaufenen Gebirgszonen ziehen.

Der Versuch, im Rahmen einer Arbeit begrenzten Umfanges geophysikalische Methoden markscheiderischen Zwecken dienstbar zu machen, ist notwendigerweise nur ein erster schmaler Weg, der für die weitere technische Nutzung des Grundgedankens ausgebaut werden müßte.

Die bewährten Verfahren, befahrbare Grubenbaue zu orientieren, können durch die in der Arbeit gezeigte Methode nicht ersetzt werden. Der Gedanke entstand bei der markscheiderischen Betreuung geologischer Erkundungsbetriebe in der DDR, bei der Aufgaben vorkommen können, die mit bekannten Mitteln nicht lösbar sind.

Die Genauigkeit der für die Vorratsberechnung benutzten markscheiderischen Unterlagen

LOTHAR LERBS, Berlin

Im allgemeinen werden die an den Geologen gelieferten markscheiderischen Unterlagen für Vorratsberechnungen als fehlerfrei angesehen.

Die folgenden Ausführungen behandeln die in diesen Unterlagen vorhandenen Unsicherheiten, die sich aus unvermeidlichen Messungsungenauigkeiten und Fehlern in den grafischen Unterlagen zusammensetzen.

1. Messungsungenauigkeiten

Es wurden an einem Beispiel aus der Praxis folgende Betrachtungen angestellt.

Für einen Punkt, der 400 m von einem Schacht entfernt in einem von einer 60m-Sohle ausgehenden Überhauen liegt, wurde ein mittlerer Lageungenauigkeitsfehler gegenüber einem Punkt am Schacht über Tage von etwa $\pm$ 0,4 m ermittelt. Die größten Fehleranteile kommen jedoch aus dem durch eine Kompaßmessung eingemessenen Überhauen ($\pm$ 0,3 m) und durch die Stoßeinmessung ($\pm$ 0,1 m). Kleinere Fehleranteile entstehen noch durch die zweimal ausgeführte exzentrische Lotung und durch die Polygonmessung.

Für einen 500 m von einem zweiten Schacht entfernten Punkt im Stoß eines von einer 120 m-Sohle ausgehenden Überhauens wurde unter ähnlichen Voraussetzungen wie oben ebenfalls eine Ungenauigkeit von $\pm$ 0,4 m gefunden.

Die Entfernung der beiden betrachteten Punkte beträgt etwa 1500 m, die Ungenauigkeit der Strecke zwischen ihnen also $\frac{0,555}{1500} \cdot 100\,(\%) = \pm\,0,037\%$. Die Fehler der Anschlußpunkte über Tage können vernachlässigt werden, da sie nur wenige cm betragen.

Betrachtet man die Ungenauigkeit der Entfernung zweier Punkte im Stoß von 100 m voneinander entfernten Überhauen auf derselben Sohle, so ergibt sich hierfür $\pm\sqrt{0,3^2 + 0,3^2 + 0,1^2 + 0,1^2} = \pm\,0,45$ m, also $\pm$ 0,45%. Sind die Überhauen 20 m voneinander entfernt, so ergibt sich unter denselben Voraussetzungen eine Ungenauigkeit von $\pm$ 2,25%. Das dürfte etwa der ungünstigste Fall sein. Im allgemeinen betrachtet, sinkt der Fehleranteil aus der Messungsungenauigkeit einer Strecke prozentual gesehen mit ihrer Länge. Für die Ungenauigkeit der Entfernung zwischen einem über Tage und einem unter Tage gelegenen Punkt liegen die Verhältnisse ähnlich. Die Ungenauigkeit eines tachymetrisch aufgenommenen Geländepunktes beträgt etwa $\pm$ 0,3 m. Es ergeben sich also Fehler in derselben Größenordnung.

Die Höhenfehler betragen unter Tage für feste Punkte nur wenige cm. Die Ungenauigkeit eines beliebigen Punktes beträgt etwa $\pm$ 0,1 m in der Höhe. Der Höhen-

Zeichenträger	Sollmaße längs (mm)	Sollmaße quer (mm)	Istmaße längs (mm)	Istmaße quer (mm)	Längenänderung längs %	Längenänderung quer %	Lagerungsdauer vor Zeichenanfertigung (Jahre)	Lagerungsdauer nach Zeichenanfertigung (Jahre)
1 Zeichenkarton 4fach geleimt	750	500	749,7	499,6	– 0,04	– 0,08	½	2½
2 desgl.	750	500	749,3	498,8	– 0,09	– 0,24	½	2½
3 ,,	750	500	749,4	499,2	– 0,08	– 0,16	1½	1½
4 ,,	750	500	749,9	499,8	– 0,01	– 0,04	2½	½
5 ,,	750	500	749,8	499,6	– 0,03	– 0,08	1	2
6 Klarzell	750	500	750,0	499,9	± 0,00	– 0,02	?	4
7 ,,	750	500	749,8	499,5	– 0,03	– 0,10	?	4½
8 ,,	750	500	748,8	499,5	– 0,16	– 0,10	?	3½
9 Lichtpause von 8	750	500	748,8	499,3	– 0,16	– 0,14	?	3
10 Klarzell	750	500	748,9	498,7	– 0,15	– 0,26	?	2
11 Lichtp. v. 10	750	500	749,5	499,2	– 0,07	– 0,16	?	2
12 Lichtp. v. 10	750	500	749,4	499,2	– 0,08	– 0,16	?	½
13 Klarzell	750	500	749,6	499,6	– 0,05	– 0,08	?	4
14 Lichtp. v. 13	750	500	750,3	501,0	+ 0,04	+ 0,20	?	3½
15 Transp. Pap.	750	500	749,8	499,7	– 0,03	– 0,06	?	5
16 Lichtp. v. 15	750	500	749,5	499,5	– 0,07	– 0,10	?	4
17 Transp. Pap.	750	500	749,5	499,2	– 0,07	– 0,16	?	4½
18 Lichtp. v. 17	750	500	749,5	498,8	– 0,07	– 0,24	?	3½
19 Transp. Pap.	600	500	597,8	499,0	– 0,37	– 0,20	?	6½

fehler zwischen zwei Sohlen beträgt also etwa $\pm$ 0,15 m, wobei die Größe des Sohlenabstandes diesen Fehler nur sehr wenig beeinflußt.

Für Höhenfehler zwischen übertägigen und untertägigen Punkten gelten dieselben Anteile, da die Genauigkeit eines tachymetrisch aufgenommenen Punktes in der Höhe ebenfalls etwa $\pm$ 0,1 m beträgt. Bei steilem Gelände wird der Fehler jedoch ungünstiger.

2. Fehler in den grafischen Unterlagen

a) Kartierungsfehler

Der Kartierungsfehler für einen Punkt beträgt maximal $\pm$ 0,2 mm. Das entspricht im Maßstab 1:1000 $\pm$ 0,2 m, 1:2000 $\pm$ 0,4 m und 1:500 $\pm$ 0,1 m. Hierbei spielt der Maßstab der Darstellung die entscheidende Rolle, während die Lage des Punktes ohne Einfluß ist. Es ist also gleichgültig, ob der kartierte Punkt am Rand oder in der Mitte der Darstellung liegt, der Kartierungsfehler ist jedesmal der gleiche.

b) Fehler durch Papiereingang

Als Zeichenträger für markscheiderische Unterlagen kommen hauptsächlich Zeichenkarton in verschiedener Ausführung, Transparentpapier und Klarzell in Frage. Von letzteren beiden werden Lichtpausen hergestellt, die dem Geologen als Unterlagen für Vorratsberechnungen dienen. Für den Papiereingang ist die Lagerungsdauer des Zeichenträgers vor und nach Ausführung der Zeichnung von Bedeutung. Es wurden Messungen an Rißunterlagen der Markscheiderei der Staatlichen Geologischen Kommission ausgeführt. Die Ergebnisse sind in nebenstehender Tabelle wiedergegeben.

Bei NEUBERT & STEIN befinden sich weitere Untersuchungen über Papiereingang, deren Ergebnisse etwa in derselben Größenordnung liegen wie die oben ermittelten.

Es fällt auf, daß die Längenänderung quer etwa das Doppelte der Änderung längs beträgt.

Da die Fehler durch Papiereingang proportional der entnommenen Strecke wachsen und maximal nur wenige Zehntel-% betragen, scheiden sie für die weiteren Betrachtungen aus. Es besteht außerdem die Möglichkeit die Papiereingangsfehler durch vorherige Messung von Strecken, deren Sollänge bekannt ist (z. B. Maßstab oder Koordinatennetz), zu bestimmen und durch Reduktion der Längen auszuschalten. Für die Ermittelung von Entfernungen kommen also nur die in 1) und 2a) erwähnten Fehleranteile in Betracht.

Betrachtet man noch einmal den ungünstigen Fall nur 20 m voneinander entfernter blinder Überhauen von einer Sohle aus, so ergibt sich für einen Punkt am Stoß eines Überhauens (50 m von der Sohle entfernt) eine Lageungenauigkeit gegenüber einem Punkt der Sohle von $\pm \sqrt{0{,}3^2 + 0{,}1^2 + 0{,}2^2} = \pm \sqrt{0{,}14} = \pm$ 0,37 m und für die Entfernung zweier Punkte einer Ungenauigkeit von $\pm 0{,}37 \cdot \sqrt{2} = \pm$ 0,52 m im Maßstab 1:1000. Bei einer Strecke von 20 m ergibt sich somit ein prozentualer Fehler von $\pm$ 2,6%. Man muß jedoch berücksichtigen, daß dieses ein sehr ungünstiger Fall ist. Bei einer Entfernung der beiden Überhauen von 50 m macht die Ungenauigkeit nur noch 1,0% aus.

Zusammenfassung

Die oben angeführten Fehler ergeben auf einen Block von 50 × 20 m angewendet eine Ungenauigkeit der Grundfläche von $\pm$ 0,5%. Da für die Mächtigkeit der Lagerstätte die Aufnahme des Geologen von ausschlaggebender Bedeutung ist, fällt sie nicht in den Rahmen dieser Betrachtung.

Abschließend kann also gesagt werden, daß die vom Geologen angenommene Fehlerfreiheit der markscheiderischen Unterlagen für die Vorratsberechnung gerechtfertigt ist.

Literatur

NEUBERT & STEIN: Plan- und Rißkunde. — 2. Lehrbrief S. 18/19. Bergakademie Freiberg.

Sedimentäre Eisenerze

In der Zeitschrift der Deutschen Geologischen Gesellschaft Bd. 109/1957, S. 1–79, der Anfang 1958 in Hannover erschien, berichtet Prof. Dr. H. ALDINGER über die Frühjahrstagung der Deutschen Geologischen Gesellschaft in Stuttgart vom 9.–13. Mai 1956. Das Thema der wissenschaftlichen Sitzung lautete „Sedimentäre Eisenerze".

Im Rahmen dieser Tagung wurden vorwiegend die marinen Lagerstätten des Jura und der Kreide in Deutschland behandelt. Die Untersuchungen wurden unter drei Gesichtspunkten durchgeführt: unter dem mineralogisch-petrographischen, dem geochemischen und dem geologischen. Nur so kann die Behandlung des Erzproblemes einmal eine hinreichend genaue Deutung der Genese unter Berücksichtigung von Paläogeographie, Fazies, räumlichen Wechselbeziehungen und nicht zuletzt der Diagenese mit ihren Veränderungen des Mineralbestandes geben.

Bis heute bestehen indes über manche Fragen noch recht unterschiedliche Meinungen; insbesondere darüber, in welcher Form das aus den Festlandsgesteinen mobilisierte Eisen bei Bildung der Lagerstätten vorlag: in echter oder kolloidaler Lösung oder in grober disperser Form als Bestandteil des Schwebs. In unmittelbarem Zusammenhang damit stehen natürlich die Fragen des Transportes von Kalk, Ton, Kieselsäure und der Spurenelemente.

Von den 15 auf dieser Tagung gehaltenen Vorträgen sind für die Lagerstättenforschung in der DDR die der Herren SEITZ, KOLBE, WALDECK und BIRZER von besonderem Interesse.

SEITZ, O.: Unterkreideerze an Strukturen im nordwestdeutschen Flachland

Erdölbohrungen in Norddeutschland stießen nicht selten auf eisenerzführende Untere Kreide. Petrographisch und chemisch besteht eine weitgehende Übereinstimmung sowohl untereinander als auch in bezug auf Salzgitter. Vortragender ging dann besonders auf drei erzhöffige Gebiete ein.

1. Das Emsland und die Fehndorfer Schwelle. Vom Malm bis Apt war das Emsland in Mulden und z. T. synsedimentäre Schwellen gegliedert. Je nach dem Aufbau der Schwellen kommen sie als Liefergebiete in Frage für die Einstreuungen von Brauneisenooiden und Geröllen in meist sandiger Unterkreide. Im Bereich der Fehndorfer Schwelle bildeten sich aus den liasischen Schichten ihres Kernes tonige Erzflöze. Die Bildungsbedingungen waren ähnlich Salzgitter, nur fehlt die intensive Salztektonik.

2. Im Gifhorner Trog wurde zwischen den Salzstöcken von Wesendorf und Vorhop eine sandige Neokomfazies abgelagert, die in allen Stufen vom Valendis bis Apt Eisenerze eingestreut hat; sie reichern sich bis zu Flözen nichtbauwürdiger Mächtigkeit an. Im Gegensatz zu Salzgitter, wo nur ein schmaler Küstenstreifen als Ablagerungsgebiet diente, war der Gifhorner Trog eine recht breite offene Bucht, in der die Anreicherungsbedingungen weniger günstig waren als bei Salzgitter.

3. Die Salzstöcke von Mechelfeld, Reitbrook und Hohenhorn-Geesthacht sind mit ihrer Eisenerzführung schon lange bekannt. Die Erze gehören dem Hauterive bis Apt an. Es sind konglomeratische und oolithische Erze mit geringer flächenhafter Ausdehnung und größeren Mächtigkeiten.

KOLBE, H.: Fazies und Geochemie der Unterkreide im nördlichen Harzvorland

Es wurden neueste Ergebnisse der systematischen Untersuchungen an den Salzgitterer Neokomerzen vorgelegt. Auf der Basis der stratigraphischen Gliederung mit Hilfe der Mikropaläontologie werden die faziellen und geochemischen Beobachtungen gedeutet. Es werden neue Daten über die Verteilung der Ooide und Gerölle gebracht, über die Kornverteilungen und Metallgehalte sowie deren Beziehungen untereinander. Auf Grund seiner Untersuchungen kommt KOLBE zu der Schlußfolgerung, daß sich hier eine tektonisch angelegte und salztektonisch modifizierte Lagerstätte gebildet hat.

Der mineralogische Bestand der Salzgitterer Erze: Limonit, Siderit, Kalzit, Glaukonit, apfelgrünes Silikat, Muskowit, Illit, Hämatit, Pyrit, Nadeleisenerz und Magnetit.

WALDECK, H.: Der Bildungsraum von Peine und seine tektonische Anlage

Methodische Untersuchungen an Groß- und Kleinfossilien aus Unterkreidetonen zwischen Peine und Groß-Bülten, fazielle Aufnahmen des Erzlagers in Bülten-Ilsede und Bestimmung von Unterkreidefossilien auf sekundärer Lagerstätte führten zu folgenden Ergebnissen über den Zusammenhang zwischen tektonischen Vorgängen und der Verbreitung der Eisenerze im Santon. Liefergebiet für die Erzgerölle war vermutlich die unmittelbare Umgebung. Das Lagerstättengebiet von Peine und Bülten-Ilsede stieg generell nach Norden an. Das Santon transgredierte auf Alb-Horizonte verschiedenen Alters. Für das Lager von Bülten-Ilsede wurde nachgewiesen, daß die Verteilung der Erzmächtigkeiten auch von kleinräumigen Spezialverbiegungen abhängig ist.

BIRZER, F.: Eisenzufuhr und Eisenfällung des Porsanger-Fjordes

Im Wattenmeer dieses im nördlichsten Norwegen gelegenen Fjordes läßt sich eine rezente Eisenzufuhr und Eisenfällung beobachten. Grundwasser und Moorwasser (aus anliegenden Mooren) lösen Eisen aus kambrio-silurischen Sandsteinen, Tonschiefern, Kalken und Dolomiten. Versuche ergaben eine Abhängigkeit der Ausfällung aus dem Grundwasser vom p_H-Wert des Wassers, seiner Temperatur, dem Mischungsverhältnis Süßwasser : Meerwasser und von dem vorhandenen Schwefelwasserstoff. Das Moorwasser führt bis zu 10 mg Eisen. Die Ausfällung unter gleichen Bedingungen wie beim Grundwasser wird vermutlich durch Humusstoffe verzögert.

Das Verhalten des gelösten Eisens im offenen Meer konnte nicht beobachtet werden.

Es findet zwar in diesem Fjord keine Bildung einer rezenten Lagerstätte statt, doch können solche Beobachtungen wichtige Hinweise für die Entstehung sedimentärer mariner Lagerstätten ergeben. ERIKA KÖHLER

Jahresversammlung der Geologischen Vereinigung e. V. in Karlsruhe im März 1958

Die diesjährige Jahresversammlung der Geologischen Vereinigung vom 21. bis 24. März 1958 in Karlsruhe war dem Thema: „Der permische Vulkanismus und damit zusammenhängende Fragen“ gewidmet.

Der größte Teil der Vorträge befaßte sich mit dem subsequenten variszischen Magmatismus Mitteleuropas, der eine der drei Erscheinungsformen des permischen Magmatismus darstellt, die auf der Tagung behandelt wurden.

Die italienischen Geologen legten 4 Blätter der geologischen Karte im Maßstab 1:100000 vor, die das Gebiet der Bozener Porphyrplatte und ihres Rahmens umfaßten. Die Vulkanite der Bozener Platte gliedern sich in 2 Zyklen, einen älteren gabbrodioritischen bis granodioritischen und einen jüngeren aplitgranitischen. Den Ergüssen folgte eine Phase intensiver Einwirkung hydrothermaler Lösungen (teilweise mit Vererzung) (ANDREATTA). Die zeitliche Zuordnung zum Porphyrvulkanismus gelang bisher am Beispiel gewisser Blei-Zinkerzgänge (Nogarè) bei Trient (MAUCHER).

S. VARDABASSO brachte eine zusammenfassende Darstellung des permischen Vulkanismus in Sardinien.

Im Saar-Nahe-Gebiet ist die Untersuchung des sedimentären Rotliegenden zu einem gewissen Abschluß gekommen, so daß auf der Tagung eine eingehende Darstellung der Beziehungen zwischen Vulkanismus und Sedimentation gegeben werden konnte (FALKE). Die moderne petrographische Untersuchung der Vulkanite läuft seit einigen Jahren. Die ersten Ergebnisse wurden bekanntgegeben, u. a. das Auftreten von mangeritischen Gesteinstypen bei sonst ausgesprochen pazifischem Provinzcharakter (BANK u. BAMBAUER).

G. RICHTER-BERNBURG wies auf die Bedeutung großer Spaltenzonen für die Förderung und regionale Verbreitung der Rotliegenderuptiva hin (Sülzhayner Fuge, Westgrenze der Eilenburger Porphyrplatte zwischen Halle und Rochlitz).

Zu erwähnen sind weiterhin die Vorträge von H. J. DRONG (945 m saurer Vulkanit in Bohrung Weyhausen Z1 bei Wolfsburg) und H. J. SEIDEWITZ (Petrographie und Lagerungsverhältnisse der Rotliegendvulkanite bei Plötz und der Porphyre bei Schwerz).

Zwei andere Erscheinungsformen des permischen Magmatismus wurden am Beispiel des Oslogebietes und der Sundainseln behandelt.

Einen Überblick über die neueren Forschungsergebnisse im Oslogebiet gab Chr. OFTEDAHL. Von allgemeinem petrologischem Interesse sind die modernen Auffassungen von der Entstehung der Oslo-Gesteine. Die tieferen Teile der einsinkenden Grabenscholle lieferten anatektische Magmen, in denen sich durch Differentiation ein ausgeprägt atlantischer Provinzcharakter herausbildete.

W. P. DE ROEVER berichtete über einen schwach alkalischen Geosynklinalmagmatismus auf Timor, der sich deutlich von dem typischen diabasisch-ophiolithischen Initialmagmatismus unterscheidet. Das ist insofern von besonderem Interesse, als z. B. auch der unter- bis mitteldevonische Magmatismus des Rheinischen Schiefergebirges in Analogie zu Timor auf Grund seiner stofflichen und zeitlichen Trennung vom unterkarbonischen Magmatismus vom Vortragenden als besondere Phase des magmatischen Zyklus betrachtet wird.

In diesem Zusammenhang sei der Vortrag von W. E. PETRASCHEK über das Problem der alpidischen Ophiolithe erwähnt. Die Beobachtungen sprechen für magmatische Platznahme und damit mesozoisches Alter zahlreicher Peridoditvorkommen.

Einen gewissen Raum in den Vorträgen und Diskussionen nahm das Ignimbritproblem ein. Ignimbrite (Schmelztuffe) sind in zahlreichen Paläovulkaniten zu vermuten oder nachgewiesen. Sie sind wichtig als Anzeiger eines bestimmten Eruptionsmechanismus.

Der Paläomagnetismus alter Laven hat neben seiner Bedeutung für Pollagebestimmungen auch für die Praxis Interesse, weil sich mit seiner Hilfe tektonische Verstellungen in Ergußgesteinen nachweisen lassen.

Auf weitere Fragen, mit denen sich die zahlreichen anderen, hier nicht erwähnten Vorträge beschäftigten, soll an dieser Stelle nicht eingegangen werden.

Das Schlußwort zum Thema „Der permische Vulkanismus" übernahm K. RITTMANN mit einem längeren Diskussionsbeitrag zur Frage der Herkunft der Magmen.

D. ANDREAS & J. MICHAEL

Besprechungen und Referate

LOTZE, F.

Steinsalz und Kalisalz

2. neubearb. Auflage, I. Teil (allgemein-geologischer Teil) mit 37 Tabellen und 226 Textabb., 465 Seiten. Verlag Gebr. Bornträger, Berlin-Nikolassee, 1957. Preis DM 58,80

Das vorliegende Werk hält seit mehr als 20 Jahren eine Monopolstellung in der gesamten internationalen Fachliteratur. Durch die Neubearbeitung ist es noch vollständiger und geschlossener geworden, da auch Mineralogie und Petrographie der Salze und die physikalische Chemie der Salzabscheidungen dargestellt sind. Nunmehr behandelt der vorliegende I. Band

1. die Entstehung der Salzlagerstätten
2. die Metamorphose der Salzgesteine
3. die Tektonik der Salzlagerstätten
4. den natürlichen Abbau der Salzlagerstätten
5. die Beziehungen zwischen Salz und Erdöl.

Verfasser geht von den Salzbildungen der Jetztzeit aus (A), indem er die chemischen und geologischen Gegebenheiten der kontinentalen und der marinen Gewässer (I) behandelt. Die Salzabscheidungen (II) werden nicht nur vom Standpunkt des Physiko-Chemikers, sondern endlich auch in vollem Umfange von den Erfahrungen des Geologen unter Berücksichtigung klimatischer, biologischer und historischer Faktoren untersucht. Diese Betrachtung führt zu einer neuartigen Systematik der Salzlagerstätten, die in charakteristischen Einzelbildern (III) unter Verwendung aller vorhandenen Literatur geschildert wird.

Weit mehr noch treten die Gesetzmäßigkeiten der Salzbildung im Abschnitt über die Salzbildungen der geologischen Vergangenheit (B) hervor. Aus der Bildung von Salzlagerstätten in den geologischen Formationen vom Präkambrium bis zum Quartär leitet der Verfasser neue, außerordentlich bedeutsame Erkenntnisse über die allgemeinen Gesetzmäßigkeiten der Salzbildung ab:

a) die „Gleichzeitigkeitsregel" (die Salzbildung wird verursacht durch den zeitlichen Wechsel des irdischen Gesamtklimas)

b) Höhepunkte der Salzkurven fallen in epirogene und regressive Zeiten (d. h. die Salzbildung verstärkt sich nach den großen Gebirgsbildungen)

c) die „Jahresring"-Schichtung wird durch epirogene Rhythmen hervorgerufen (und ist keine Jahresschichtung im Sinne von RICHTER-BERNBURG); sie beruht auf rhythmischen Schwankungen der Zufuhr kontinentaler Wässer (und ist kein chemisches Phänomen im Sinne von FULDA). Die salinare Sedimentation hält mit der epirogenen Absenkung Schritt (und hat nichts mit der Wassertiefe zu tun)

d) die Feinfältelung und Gekrösefaltung ist ein tektonisches Phänomen (und keine Gleitfaltung im Sinne RICHTER-BERNBURGS)

e) die Salzgesteine sind kristalline Gesteine, ihr Groß-Gefüge entspricht den Sedimenten, ihr Klein-Gefüge den kristallinen Schiefern (den Metamorphiten)

f) die Verwendbarkeit der Salzparagenesen als geologisches Thermometer ist illusorisch (entgegen der durch die Chemiker weit verbreiteten Lehrmeinung).

In diesem Abschnitt werden die kristallinen Gefüge der Salzgesteine, soweit sie durch Gefügeregelung untersucht wurden, Mineralparagenesen und Faziesverhältnisse, die Salzablagerungen, Färbungen, klastische Einschaltungen u. a. mehr in interessanter und ideenreicher Weise dargelegt.

Im 2. Hauptabschnitt über die Metamorphose der Salze kommen die Untersuchungen von F. RINNE wieder gebührend zur Geltung, sowie die neueren von BORCHERT, BAIER, STEWART, R. KÜHN, J. LEONHARD u. a. Die Metamorphose der Salze ist unbestreitbar und vielartig: syngenetische Metamorphose (a), epirogene Versenkungsmetamorphose bzw. Hydrothermometamorphose (b), dynamische Thermometamorphose (c), vulkanische Hydrometamorphose, aszendente (d) und deszendente Lösungen (e) können Salzgesteine umwandeln.

In dem umfangreichen 3. Hauptabschnitt wird schließlich eingehend die Tektonik der Salzlagerstätten, insbesondere der ihnen eigene Diapirismus sowie die Einpassung des Salzkörpers in den tektonischen Rahmen dargelegt. Auf diesem Spezialgebiet hat der Verfasser selbst viele eigene, z. T. hier erstmalig veröffentlichte Forschungsbeiträge geleistet. Dieser Teil ist mit Profilen, Karten und räumlichen Darstellungen und Grubenfotografien besonders vorzüglich und reichhaltig ausgestattet.

In dankenswerter Weise sind bereits im 1. Band ausführliche Schriftenverzeichnisse in der Gliederung des Gesamtwerkes sowie ein Sachregister beigefügt. Die Darlegung der reinen Tatbestände, die Fülle der aufgeworfenen Probleme, die Kritik der Theorien und Hypothesen sind so umfassend und gründlich, daß man um so mehr auf den 2. Band, die „spezielle Lagerstättenkunde der Salze" gespannt sein kann.

A. SCHÜLLER

HAHN, E.

Die Anwendung der seismischen Magnitude und der Seismizität auf neuzeitliche Erschütterungsmeßtechnik bei Verkehr und in der Industrie

1956, Akademie-Verlag Berlin. Freiberger Forschungshefte, C 25, 63 S., 14 Abb., 10 Tab. brosch. DM 5,50

Maßzahlen für die Erschütterungsgefährdung von Menschen und Bauwerken zu finden, ist das Bestreben dieser Arbeit. In der Erdbebenseismik hat man nach Aufgabe der alten Intensitätsskalen, welche auf Grund der sichtbaren und fühlbaren Wirkungen die Erdbeben klassifizierten, instrumentell meßbare Größen eingeführt. Diese Größen sind

1. die Magnitude, welche sich bestimmen läßt als Differenz des Logarithmus der aufgezeichneten Amplitude zu dem eines willkürlich angenommenen Bezugsstoßes, welcher etwa an der Grenze der instrumentellen Empfindlichkeit liegt und

2. die Seismizität, dargestellt als Energieabgabe pro Zeit und Flächeneinheit. Will man vergleichbare Werte finden, dann muß für alle Beben das gleiche Absorptionsgesetz gelten.

Die Verfasserin hat im ersten Teil ihrer Arbeit die für die Berechnung notwendigen Grundlagen aus der Literatur klar und übersichtlich zusammengestellt.

Der zweite Teil der Arbeit handelt von den Ursachen und den Messungen von Bodenschwingungen, die durch Industrie und Verkehr hervorgerufen werden, der Ausbreitung der Schwingungen im Boden und der Auswirkung auf Menschen und Bauwerke. Auch in diesem Kapitel ist die geschickte Verwertung und Zusammenstellung der recht verstreuten und teilweise schwer zugänglichen Literatur hervorzuheben. Außerdem zeigt dieser Abschnitt klar, wie komplex das Problem ist. Die Schädlichkeit einer Erschütterung hängt nicht nur von der Amplitude der Schwingungen, den Frequenzen, der auftretenden Beschleunigungen ab, sondern auch von der Koppelung der Schwingungssysteme Boden und Bauwerk. Die bisher gebrauchten Erschütterungsskalen, welche diese komplizierten Verhältnisse durch einfache Ausdrücke zu erfassen versuchten, befriedigen nicht. Man muß den Mut anerkennen, den die Verfasserin mit dem Versuch aufbrachte, die Magnitudenskala der Erdbebenkunde auf Industrieerschütterungen anzuwenden. Dieser Versuch, der in dem kurzen, dritten Teil der Arbeit gemacht wurde, hat keine Lösung erbracht. Die lokalen Einflüsse des geologischen Untergrundes spielen eine so entscheidende Rolle bei diesen kleinräumigen Vorgängen, daß ein einheitliches Absorptionsgesetz, auf dem ja die Magnitudenskala beruht, nicht gefunden werden kann. Selbst wenn man eine solche Skala finden könnte, ihr praktischer Wert wäre aus den eben angegebenen Gründen zweifelhaft. So verspricht also der Titel der Arbeit mehr, als sie gibt. Das hat auch die Verfasserin klar erkannt. Der Leser möge sich vor Augen halten, daß es sich um eine Diplomarbeit handelt, welche den Verfasser an das gegebene Thema bindet. Die Arbeit ist trotzdem eine Bereicherung der Literatur, da sie die vielfältigen Probleme der Verkehrs- und Industrieerschütterungen in einer ansprechenden Form aus verstreuten Quellen zusammengefaßt hat.

R. MEINHOLD

KALJENOW, E. N.

Interpretation von Kurven bei vertikaler elektrischer Sondierung

Erschienen im Verlag: Gossudarstwennoje nautschno-technitscheskoje isdatelstwo neftjanoi i gorno-topliwnoi literatury. Moskau, 1957.

In diesem Buche beschreibt und systematisiert der Verfasser auf 470 Seiten die im Laufe der Zeit erarbeiteten Methoden zur qualitativen und quantitativen Interpretation der erhaltenen Kurven bei vertikaler elektrischer Sondierung. Mit diesem Verfahren sind besonders in den Nachkriegsjahren in der Sowjetunion eine ganze Reihe von Erdöllagerstätten, Erdgasvorkommen und anderer Lagerstätten gefunden worden, wodurch diese Methode eine sehr große Bedeutung erlangt hat. Das Buch ist bestimmt als Leitfaden und Nachschlagwerk für Ingenieure und Techniker der entsprechenden Fachrichtung.

Im ersten Kapitel dieses Buches werden die Interpretationen von Kurven zweischichtiger Profile behandelt, wobei folgenden unlängst in dieser Form erarbeiteten Sonderfällen besondere Aufmerksamkeit gewidmet wird:

1. Kurven von horizontalen Schichten mit begrenzter Ausdehnung.
2. Kurven eines Profils mit nichthorizontalen Schichten.
3. Kurven beim Vorhandensein senkrechter Grenzschichten.

Das zweite Kapitel befaßt sich mit den dreischichtigen Profilen und bringt neben den üblichen Methoden der Berechnung und Interpretation auch eine ausführliche Zusammenstellung von Methoden zur graphischen Bestimmung theoretischer Kurven. In diesem Zusammenhang wird auch die Berechnung und Anwendung einiger interessanter Tabellen und Hilfsdiagramme beschrieben, mit denen man äußerst bequem und schnell zusätzliche Kurven mit beliebigen Parametern zu einer bereits gegebenen Kurvenschar bestimmen kann. Besonders behandelt werden die Auswirkungen des Äquivalenzprinzips und seine Anwendung bei der graphischen Konstruktion theoretischer Kurven.

Der Integration vierschichtiger Profile ist das dritte Kapitel gewidmet. Auch hier wird den für die Praxis sehr wichtigen graphischen Methoden zur Bestimmung theoretischer Kurven große Bedeutung beigemessen. Besonders wird hier auch auf die Bestimmung des Abschirmungseinflusses von Gesteinen mit hohen spezifischen Widerständen eingegangen.

Im vierten Kapitel beschreibt der Verfasser ausschließlich die Möglichkeiten der Interpretation von Kurven bei vielschichtigen Profilen.

Das Buch schließt mit einem zusammenfassenden Artikel über die Praxis der Interpretation. Hier wird unter anderem auch noch ausführlich über die Analyse von Kurven bei gleichzeitiger Verwertung von Bohrungsergebnissen berichtet. Eine große Zahl von praktischen Beispielen und ein Literaturverzeichnis geben die Möglichkeit, sich einzelne Fälle besser zu veranschaulichen und in einzelne Teilgebiete noch tiefer einzudringen.

H. BARTZSCH

TAUSSON, L. W., & N. N. BUSAJEW

Die Geochemie des Thalliums in den granitoiden Gesteinen des Batholiths von Sussamyr im Zentralen Tienschan

„Geochemie" (russ.) Nr. 7/1957.

Über die Geochemie des Thalliums in Eruptivgesteinen ist noch relativ wenig bekannt. Zuverlässig gesichert ist nur die Vorstellung, daß der Tl-Gehalt in sauren Gesteinen höher als in basischen ist und daß Thallium in allen Gesteinen geochemisch eng mit Kalium verbunden ist.

Nach den von SHAW veröffentlichten Angaben ist eine Zunahme des Tl-Gehalts von den Peridotiten und Pyroxeniten ($0{,}06 \cdot 10^{-4}\%$) über die Diorite ($0{,}15 \cdot 10^{-4}\%$), Granodiorite und Tonalite ($0{,}43 \cdot 10^{-4}\%$) zu den Graniten ($3{,}1 \cdot 10^{-4}\%$) zu beobachten. Allerdings ist der schroffe Übergang ($0{,}43 \cdot 10^{-4}\% - 3{,}1 \cdot 10^{-4}\%$) zweifelhaft. Auf Grund der wenigen Analysen ist es wohl gewagt, bereits von zuverlässigen Durchschnittswerten zu sprechen. Die japanischen Forscher ISSIMORI und TAKASIMA erhielten z. B. als Mittel für 4 Granite einen Thalliumgehalt von $1 \cdot 10^{-4}\%$. Die von L. W. TAUSSON und N. N. BUSAJEW angestellten Untersuchungen verfolgten den Zweck, das geochemische Verhalten des Thalliums im Entwicklungsprozeß eines großen magmatischen Herdes saurer Gesteine zu verfolgen. Dafür war der Batholith von Sussamyr, der ein durch viele Phasen kaledonischen Alters entstandener Intrusionskörper ist, besonders geeignet, da die Intrusionsphasen eine fortlaufende Reihe bilden, die aus Differentiaten eines einheitlichen magmatischen Herdes besteht. Als erste Phase treten hier xenolithartige Körper von Gabbrodioriten und Dioriten auf, in der zweiten, der Hauptphase, folgen porphyrische Granodiorite und Granite, in der dritten sind leukokrate Granite zu beobachten, denen die sauersten Differentiate (gangförmige Granitaplite und Aplite) folgen.

Die Untersuchungen führten zu folgenden Ergebnissen: Die Aplite enthalten Thallium in einer Konzentration, die seinen Gehalt in den Dioriten der ersten Phase um das Siebenfache übertrifft ($4{,}7 \cdot 10^{-4}\%$ gegenüber $0{,}7 \cdot 10^{-4}\%$). Der Durchschnittsgehalt an Tl kommt dem von ISSIMORI und TAKASIMA ermittelten Wert recht nahe ($1{,}4 \cdot 10^{-4}\%$). In den Eruptivgesteinen geht Tl immer mit K parallel, es konzentriert sich fast ausschließlich im Kalifeldspat und im Biotit. Tl^{+} ersetzt K bevorzugt im Biotitgitter, da Kalium hier nicht so fest gebunden ist wie im Kalifeldspat. Da aber der Anteil des Biotits in diesen Gesteinen wesentlich geringer ist als der Kalifeldspatanteil, ist im normalen Granit die absolut größte Menge des Thalliums in den Kalifeldspaten angereichert. Das Auftreten von Tl in den Hornblenden ist wahrscheinlich nicht auf die Substitution $Ca^{2+}-Tl^{3+}$ zurückzuführen, sondern auch auf die Ersetzung von K, das in den Hornblenden stets anwesend ist, durch Tl.

W. OESTREICH

SCHELLENBERG, H.

Germanium

„Urania" 21, 1958, Seite 111—112.

Der Autor gibt eine kurze Beschreibung der Eigenschaften der germaniumhaltigen Mineralien (Argyrodit, Germanit, Canfieldit, Renierit) sowie eine Übersicht über die technische Verwendungsmöglichkeit des Halbleiters Germanium. Über die Verbreitung des Germaniums in der Erdrinde teilt er mit:

„So gering das Vorkommen des Germaniums als wesentlicher Bestandteil eines Minerals ist, so weit verbreitet ist es als Nebenbestandteil vieler Erze. Wir finden es hauptsächlich:

a) in sulfidischen Erzen, und zwar kommt es als Bestandteil vieler Zinkblenden vor. Es ist in der Freiberger Zinkblende, aus der auch bei uns das Germanium gewonnen wird, und in den Zinkerzen von Belgisch-Kongo enthalten. Außerdem wurde Germanium noch in einigen Arsennickelglanzen und in amerikanischen Enargiten nachgewiesen. Es wird auch in geringen Mengen im Mansfelder Kupferschiefer gefunden und reichert sich bei dessen Verarbeitung im Flugstaub an, aus dem es dann gewonnen wird.

b) In oxydischen Erzen wurde Germanium z. B. in Zinnstein verschiedenster Herkunft gefunden, so im Zinnwalder Zinnstein bis zu 0,02%. Ferner kommt Germanium in geringen Spuren im Chromeisenstein und im Rutil mancher Fundorte vor.

c) In kieselsäurehaltigen Erzen ist Germanium als Spurenelement ebenfalls weit verbreitet.

d) Untersuchungen haben ergeben, daß Germanium in geringer Menge Bestandteil vieler Steinkohlen ist. Bei der Verbrennung der Kohlen verflüchtigt es sich und reichert sich in der Flugasche und im Ruß der Schornsteine an. Es wurden in der Flugasche Germaniumgehalte von 0,5—2% festgestellt. Aus diesem Grunde bilden diese Flugaschen heute ebenfalls eine Grundlage zur Gewinnung des Germaniums. Auch in einigen Braunkohlen ist Germanium enthalten, so wurden in der Braunkohle von Dakota bis zu 0,2% Germaniumoxyd festgestellt."

E.

LANGE, F.

Wirtschaftlichkeit des Bergbaues in großen Teufen

„Glückauf", Heft 1/2, Januar 1958, S. 1—17. Auf der Tagung des Bayrischen Bergbaues in Bad Reichenhall hielt der Autor am 9. Oktober 1957 einen Vortrag, dem wir u. a. folgendes entnehmen:

Bekanntlich wird durch das Vordringen des Bergbaues in größere Teufen der Bergmann vor schwierige Aufgaben gestellt. Hiervon wird auch der bayrische Pechkohlenbergbau betroffen, denn die mittlere Schachtteufe hat dort 800 m erreicht. Im Ruhrkohlenbergbau liegt sie zur Zeit bei 750 m. Auf der Pechkohlengrube Peißenberg wurde im Juli 1954 eine Schachtförderung aus 1015 m Teufe bei einer voraussichtlichen Endteufe von 1300 m in Betrieb genommen. Ihre Leistungsfähigkeit entspricht den Fördereinrichtungen, wie sie in größerer Zahl im Ruhrbergbau, teils für Endteufen bis zu 1400 m, benutzt werden. Wegen der geologischen Verschiedenheiten lassen sich die beiden Bergbaugebiete jedoch in anderen mit der Teufe zusammenhängenden Fragen kaum vergleichen. In der folgenden Abbildung sind einige Kennzahlen gegenübergestellt. Links ist eine bayrische Pechkohlengrube, rechts eine Ruhrzeche wiedergegeben, die Durchschnittswerten der zur Zeit zwischen Ruhr und Lippe fördernden Schachtanlagen entspricht.

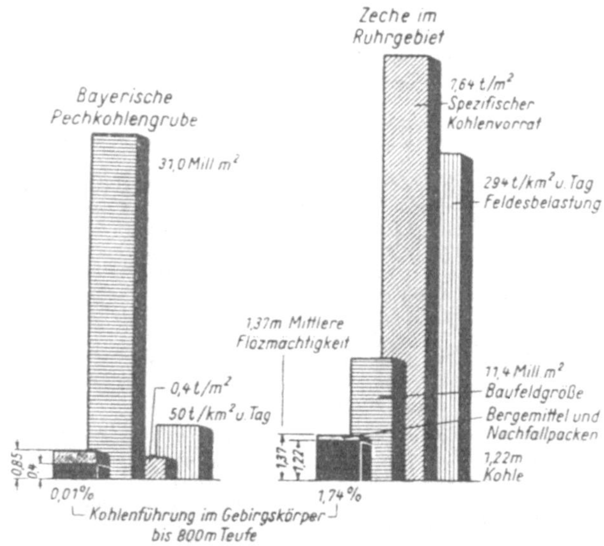

Kennzahlen einer bayrischen Pechkohlengrube und einer Ruhrzeche zum Vergleich

Auffallend sind die wesentlichen Unterschiede in den Baufeldgrößen und in den zugehörigen Kohlenvorräten. So hat die Pechkohlengrube bei einer Baufeldgröße von 31 Mio m² nur einen Kohlenvorrat von 0,4 t/m² aufzuweisen. Die Ruhrzeche dagegen verfügt bei einer Baufeldgröße von 11,4 Mio m² über einen Kohlenvorrat von 7,64 t/m². Dementsprechend beträgt die Feldbelastung im bayrischen Pechkohlenbergbau 50 t/km² u. Tag und im Ruhrgebiet 294 t/km² u. Tag. Der Kohleninhalt im Gebirgskörper bis 800 m Teufe beträgt im Ruhrgebiet 1,74% im Vergleich zu nur 0,01% im bayrischen Pechkohlenbergbau. Doch auch die Flözmächtigkeiten beider Bergbaugebiete weisen beträchtliche Unterschiede auf. Die mittlere Gesamtflözmächtigkeit liegt im Ruhrbergbau bei 1,37 m mit 1,22 m reiner Kohle, während sie im bayrischen Pechkohlenbergbau bei starken örtlichen Schwankungen 0,85 m beträgt, von denen nur 0,4 m auf reine Kohle entfallen.

Demnach sind also die geologischen Gegebenheiten im bayrischen Pechkohlenbergbau weitaus ungünstiger als im Ruhrbergbau. Der Ruhrbergbau wird andererseits jedoch in größeren Teufen durch höhere Gebirgstemperaturen, erhebliche Störungen und durch das Zunehmen steiler Lagerung benachteiligt.

So liegt die geothermische Tiefenstufe im bayrischen Pechkohlenbergbau durchschnittlich bei 32 m, während im Ruhrbergbau eine mittlere Temperaturzunahme um 1° C schon bei 28 m eintritt. Bei den unter sehr mächtigen Deckgebirge bauenden Gruben im Norden des Ruhrgebietes beträgt die geothermische Tiefenstufe nur noch 25 m.

Im bayrischen Pechkohlenbergbau ist daher in 1000 m Tiefe eine mittlere Gebirgstemperatur von 39° C, im Ruhrgebiet dagegen eine Temperatur von ungefähr 48° C zu erwarten. Eine der größten Teufen wurde auf der Zeche „Sachsen" mit 1187 m bei einer Sohlenteufe von 1152 m erreicht. Dort beträgt die Gebirgstemperatur 54° C. Dieser Wert liegt um 5° C höher, als er durchschnittlich im südafrikanischen Golderzbergbau mit 49° C erst bei 3250 m Teufe erreicht wird.

Diese hohen Temperaturen in größeren Tiefen stellen den Ruhrbergbau vor sehr schwierige Aufgaben. Hinzu kommt noch der Temperaturzuwachs aus den beträchtlichen Wärmemengen, die beim Abbau größerer Kohlenmengen und durch den weitgehend mechanisierten Betrieb frei werden.

Bei größeren Teufen ist es daher besonders wichtig, für eine Grubentemperatur zu sorgen, die die Arbeitskraft und Gesundheit der Bergleute nicht gefährdet. Dies soll grundsätzlich durch eine ausreichende Zufuhr frischer Wetter erfolgen. Nur dort, wo die klassischen Maßnahmen der Grubenbewetterung trotz hoher Aufwendungen nicht zum Ziele führen, erscheinen Sondermaßnahmen, z. B. der Einsatz von Kältemaschinen, gerechtfertigt.

Für die Schaffung eines erträglichen Grubenklimas sind demnach in größeren Teufen beträchtliche technische Aufwendungen erforderlich. Sie beanspruchen einen nicht unerheblichen Teil der Gesamtbetriebskosten einer Schachtanlage. DRESSEL

RHEINLÄNDER, P.

Kohle und Eisen im Wandel der Zeit

Vulkan-Verlag Essen, 1957, 90 S. 25 Abb., 25 Tab. DM 8.80

Der Autor behandelt in seiner Arbeit die Ergebnisse der zahlreichen Veröffentlichungen des In- und Auslandes, die sich mit Fragen der Atomenergie, der Kohle und des Erdöls befassen, und kommt hierbei zu außerordentlich wichtigen Folgerungen hinsichtlich der Entwicklung und Planung der Rohstoff- und Energieversorgung.

In einem Kapitel über die gegenwärtige Bedeutung der Kohle ist die Stein- und Braunkohlenförderung der wichtigsten kohlenfördernden Länder und Ländergruppen sowie der gesamten Welt von 1900 bis 1956 in Tafeln eindrucksvoll dargestellt. Der westdeutsche Verfasser weist hierbei auf die Anstrengungen der Länder des sozialistischen Lagers hin. Weiterhin ist sich der Autor darüber klar, welche Bedeutung der Braunkohle für die Deckung des Brennstoff- und Energiebedarfs Gesamtdeutschlands in Zukunft zukommen wird. So wird sich z. B. das Verhältnis von Stein- u. Braunkohlenförderung — nach Meinung des Verfassers — in den nächsten 10 Jahren weiter erheblich zugunsten der Braunkohle verändern. Der eindrucksvolle Text rückt die Wichtigkeit der Kohle ins rechte Licht.

Um richtige Schlußfolgerungen aus der Energieversorgung ziehen zu können, muß man die Primärenergie (außer Kohle also Wasserkraft, Erdöl/Erdgas sowie Brennholz und Brenntorf) in die Betrachtungen unbedingt mit einbeziehen. Die hier angeführten Zahlenvergleiche lassen sehr deutlich erkennen, in welchem Grade überall in der Welt der Anteil des Erdöls und Erdgases an der Energiebedarfsdeckung steigt und welche Bedeutung gerade diese Brennstoffe in immer stärkerem Maße für die Zukunft besitzen.

In einem anderen Artikel behandelt der Verfasser den Vorrat und die Lebensdauer der Kohle und der anderen Primärenergieträger. Es wird jedoch nicht vergessen, auf den unterschiedlichen Aussagewert der Vorratszahlen hinzuweisen.

Herr Dr. WIEL, Essen, kommt ebenfalls zu Wort und mahnt bei der Schließung der Brennstofflücke durch die verschiedenen Isotope des Urans zur Vorsicht; denn hier dürften viele noch nicht abzusehende Probleme einer Lösung harren.

Daneben sollte man jedoch auch anderen Energiegewinnungsverfahren und der Erschließung neuer Energiequellen die notwendige Beachtung schenken und sie mit allen Mitteln fördern.

Der Verfasser folgert, daß auch in unserem Zeitalter die Kohle der wichtigste Rohstoff für die Wärme- und Energieversorgung bleibt. Da das Atomenergieproblem noch nicht zu übersehen sein dürfte, fällt der Kohle also bei der Schließung der zu erwartenden Energielücke eine entscheidende Rolle zu. Mehr und billigere Kohle zu fördern — dies kann im wesentlichen nur durch eine weitere Mechanisierung des Bergbaues und durch bessere Ausnutzung der geförderten Kohle erreicht werden. Hier muß der Ingenieur wahrhaft große Aufgaben lösen.

Das Eisen wird im 2. Teil der Neuerscheinung behandelt. Eingehend wird auf die gegenwärtige Bedeutung von Eisen und Stahl eingegangen. Wie bei der Kohle hat es hier der Verfasser unternommen, die Rohstahlerzeugung der Welt sowie einzelner Länder und Ländergruppen darzustellen. Daneben kann der Leser den Rohstahlverbrauch der Welt, einzelner Länder und Ländergruppen je Kopf der Bevölkerung im Jahre 1956 sowie u. a. die gewinnbaren Eisenerzvorräte nach dem Stand von Ende 1953 gut zusammengestellt finden.

Jeder ersieht hieraus, wie gewaltig sich die Förderung von 1900—1956 entwickelt hat. Nach dem Verfasser zu urteilen, ergibt sich erfreulicherweise bei den Vorräten an Eisenerz — wenn auch bei den einzelnen Ländern mit wesentlichen Unterschieden — insgesamt gesehen für die nächste Zeit keine beängstigende Lage.

Erz, Koks und Schrott als Rohstoffe für die Eisen- und Stahlerzeugung nehmen in dem Aufsatz ebenfalls einen nicht unerheblichen Raum ein. Äußerst aufschlußreiche Folgerungen stellt der Verfasser auch mit teils älteren, teils neu aufkommenden Bau- und Werkstoffen an.

Als Ergebnis all dieser Untersuchungen muß man jedoch zu dem Schluß kommen, daß der weitere Ausbau der eisenschaffenden Industrie und der mit ihr vergesellschafteten Rohstoffbetriebe dringend notwendig erscheint.

Stahl ist und bleibt also auch weiterhin der Grundstoff der Industrialisierung, Mechanisierung und Automatisierung. Sein Bedarf ist so stark, daß alle Anstrengungen gemacht werden müssen, um den Stahlbedarf für die Zukunft weiterhin zu decken.

Die hier angeführten kurzen Aufzeichnungen können nur einen kleinen Einblick in das wertvolle Material vermitteln, und es ist deshalb jedem zu empfehlen, daß er sich mit dieser wertvollen Neuerscheinung vertraut macht. Da die 25 sehr interessanten und auf den neuesten Stand gebrachten, in gesonderter Tasche befindlichen Tabellen ebenso wie die gleiche Anzahl von Diagrammen eine äußerst wertvolle Bereicherung und Ergänzung des Textes bilden, sollte sich nicht nur der Fachmann, sondern auch der daran interessierte Laie mit den in verständlicher Form behandelten Grundproblemen der Montan- und Energiewirtschaft befassen. DRESSEL

TSCHURINOW, M. W. & A. A. KONOPLJANZEW

Hydrogeologie und Ingenieurgeologie im Dienst des sozialistischen Aufbaus

„Erkundung und Lagerstättenschutz" (russ.), Nr. 12/1957.

Die beiden Mitarbeiter des Wissenschaftlichen Forschungsinstituts für Hydrogeologie und Ingenieurgeologie der Sowjetunion (WSEGINGEO) berichten in ihrem Aufsatz über die Erfolge der Hydrogeologie und Ingenieurgeologie in vier Jahrzehnten Sowjetmacht. Diese Erfolge wurden bei der Bearbeitung hydrogeologischer und ingenieurgeologischer Probleme erreicht, die im Interesse des sozialistischen Aufbaus zu bewältigen waren.

Die hydrogeologischen Untersuchungen im vorrevolutionären Rußland beschränkten sich auf die Niederbringung einzelner Bohrungen für Zwecke der Wasserversorgung, während sich die ingenieurgeologischen Arbeiten auf die Bearbeitung der beim Eisenbahn- und Hafenbau auftretenden Fragen konzentrierte. Im zaristischen Rußland gab es fast keine Spezialisten auf diesen beiden Gebieten.

In den ersten Jahren nach der Großen Sozialistischen Oktoberrevolution nahm die Ingenieurgeologie in Zusammenhang mit dem berühmten Leninschen Plan zur Elektrifizierung Rußlands (GOELRO) einen gewaltigen Aufschwung. Die Ingenieurgeologen leisteten die Vorarbeiten für das Wolchow- und das Dnjepr-Wasserkraftwerk, ferner für andere Wasserkraftwerke im Nordkaukasus, in Karelien, Aserbaidshan, Grusinien, Armenien und Mittelasien. Die Hydrogeologen befaßten sich mit der systematischen Kartierung und mit Untersuchungen für Meliorationszwecke, Arbeiten, die für die sozialistische Umgestaltung der Landwirtschaft erforderlich waren.

In dieser Zeit bildeten sich Ingenieurgeologie und Hydrogeologie als selbständige Zweige der Geologie heraus.

Die wichtige praktische Rolle dieser beiden Zweige fand auch organisatorisch in straffer Zentralisierung ihren Ausdruck. Als Markstein ist hierbei die im Jahre 1939 erfolgte Schaffung des Wissenschaftlichen Forschungsinstituts für Hydrogeologie und Ingenieurgeologie der Sowjetunion (WSEGINGEO) zu verzeichnen.

Der 1931 nach Leningrad einberufene 1. hydrogeologische Kongreß stellte den sowjetischen Hydrogeologen die Aufgabe, alle Wasserressourcen für die sozialistische Industrie zu mobilisieren; diese Aufgabe erschien um so dringlicher, als damals nur 17,5% des Europäischen Teils und 3,2% des Asiatischen Teils der UdSSR hydrogeologisch untersucht waren. Mehr oder minder zufriedenstellend untersucht waren in dieser Beziehung lediglich der Donbaß, die Südrussische Mulde, einzelne Teile des Kusbaß, Turkmenistans und Kasachstans.

Der 1. hydrogeologische Kongreß formulierte als nächste Aufgabe die planmäßige hydrogeologische Kartierung, ferner die eingehende Untersuchung des Grundwasserregimes, um damit die Möglichkeit der Bilanzierung der Grundwasservorräte und die Organisierung ihrer sachgemäßen Nutzung zu gewährleisten. Er empfahl gleichfalls die Anwendung geophysikalischer Verfahren beim Aufsuchen und Erkunden von Grundwässern und die Zusammenstellung eines Grundwasserkatasters. Der Kongreß behandelte eine Anzahl wichtiger, mit der Praxis zusammenhängender Fragen: Bekämpfung der den Gruben zusitzenden Wässer, der Abbau bei nicht standfestem Gebirge, Maßnahmen zur Verhütung von Setzungserscheinungen in Lößböden, Befestigung der Böschungen bei Stauwerken, ferner die Wasserversorgung von Städten, Dörfern, Industriebetrieben, Kolchosen und Sowchosen.

In den Jahren 1926 und 1927 begannen hydrogeologische Untersuchungen in wasserarmen Gebieten (im Kaukasusvorland, im Südosten des Europäischen Teils der UdSSR und in Mittelasien). Für die Bewältigung der umfassenden Aufgaben des sozialistischen Aufbaus erwies es sich als zweckmäßig, in fast allen Industrie- und Bauministerien hydrogeologische und ingenieurgeologische Dienste einzurichten. Heute ist dieser Dienst in Projektinstituten konzentriert (Hydroenergieprojekt, Metroprojekt u. a.). In der Zeit der Vorkriegsfünfjahrpläne wurden die umfangreichsten ingenieurgeologischen und hydrologischen Untersuchungen für den Bau des Weißmeerkanals, den Bau des Moskwa-Wolga-Kanals, für Bewässerungsvorhaben in Mittelasien, Belorußland und dem Kaukasus sowie für die Anlage von Wasserkraftwerken an der Wolga, Kama, Sanga u. a. Flüssen ausgeführt.

Das Netz der Grundwasserbeobachtungsstationen wurde verdichtet.

Der große Vaterländische Krieg unterbrach das friedliche Aufbauwerk. In der Nachkriegsperiode wurden in verstärktem Maße Wasserkraftanlagen errichtet, die ihrer Kapazität nach die früheren weit hinter sich ließen. Dazu gehören die Anlagen von Kuibyschew, Stalingrad, Kachowka und Zimljansk.

In den Jahren 1954 und 1955 wurden die hydrogeologischen Erkundungsarbeiten für die Wasserversorgung der Kolchosen, Sowchosen und MTS in den Neu- und Brachlandgebieten ausgeführt. Hydrogeologische Kartierungen erfolgten in den Wüsten Kysyl-Kum, Mujun-Kum und Bet-Pak-Dala, im Norden des Aralsees, in Kirgisien, bei Grosny und Astrachan, wobei allein in der Wüste Kysyl-Kum 16 artesische Becken gefunden wurden.

Die in Usbekistan, Kirgisistan, Kasachstan und Aserbaidshan, der ASSR der Komi und in Borshomi durchgeführten hydrogeologischen Untersuchungen wiesen neue Vorräte an Heil- und Mineralwässern nach.

Die sowjetischen Ingenieurgeologen und Hydrogeologen sind heute in der Lage, die vielseitigsten und kompliziertesten Aufgaben zu lösen, die die Volkswirtschaft stellt.

W. OESTREICH

PROKOP, O.

Wünschelrute, Erdstrahlen und Wissenschaft

Urania-Verlag Jena/Leipzig, 1957, DM 9,80

Der Autor, Direktor des Instituts für Gerichtliche Medizin der Humboldt-Universität zu Berlin, hat sein sehr aufschlußreiches Werk mit Medizinern, Physikern, Physiologen und weiteren, vorwiegend westdeutschen, Fachleuten herausgegeben. Den geologischen Teil hat er selbst bearbeitet. Das Buch war in 1. Auflage im Enke-Verlag, Stuttgart, erschienen, der dem Urania-Verlag, Jena, die Lizenz zur Herausgabe der vorliegenden Auflage erteilte. Diese Zusammenarbeit der beiden Verlage kann wärmstens begrüßt werden, da der Kampf gegen das Kurpfuschertum in der Bundesrepublik der gleiche wie in der DDR ist. Wenn es auch gelungen ist, die Wünschelrutengängerei in der DDR weitgehend einzuschränken, so gibt es vor allem in bäuerlichen Kreisen noch Menschen, die den Wünschelrutengängern, oder wie sie sich heute nennen, den Radiästheten, Glauben schenken. Das vorliegende Buch gibt nun jedem, der an solchen Unfug noch glauben sollte, eine eingehende wissenschaftliche Analyse. Der Autor ist bestrebt, alle Leichtgläubigen zu warnen, denen man einreden will, sie würden durch Erdstrahlen Krebs bekommen und müßten deshalb „Entstrahlungsapparate" kaufen. Seiner folgenden Auffassung kann man sich anschließen.

„Der Kurpfuscher, der sich des Siderischen Pendels und der Wünschelrute bedient, ist in einer Art Untergrundbewegung tätig, die ihre Helfershelfer mitunter sogar in staatlichen Institutionen sitzen hat. Ihr Nährboden ist die Halbbildung, ihr Erzeugnis die Falschmeldung in der Presse, ihr Anwalt der Okkultismus."

In der Bundesrepublik hat sich diese okkultistische Tätigkeit der Radiästheten zu einem „gigantischen Unfug" entwickelt. Nicht nur für die Medizin, sondern auch für die Geologie fordert PROKOP einen durchgreifenden Rechtsschutz:

„Das Beispiel der Erdölgewinnung sollte eigentlich zu denken geben. Jahrzehntelang hat die deutsche Erdölindustrie im Vertrauen auf die fehlerhaften Angaben der Rutengänger Millionen Mark vergeblich verbohrt, ohne die Förderung ausreichend erhöhen zu können. Erst als man sich von der Wünschelrutengängerei freimachte und mit Hilfe der Geophysik, namentlich durch die Staatlichen Ämter für Bodenforschung, mit den modernen physikalischen Geräten den Untergrund untersuchen ließ, kam man zu großen Erfolgen. Die Rutengänger haben den gewaltigen Aufschwung geradezu vereitelt."

Wir hoffen, daß die Reste des Wünschelrutengängertums und der Radiästheten in der DDR durch weitgehende rechtliche Maßnahmen endgültig beseitigt werden; denn es handelt sich um wissenschaftlich getarnte mittelalterliche Anschauungen, die keinerlei praktischen Wert besitzen, zur Geheimnistuerei und zur Schädigung unseres wirtschaftlichen Aufbaus führen. E.

Nachrichten und Informationen

Aus der rumänischen Erdölindustrie

Einem Aufsatz des Akademie-Prof. GHEORGHE MACOVEI, des Präsidenten des Geologischen Komitees der Rumänischen Volksrepublik[1]), entnehmen wir:

„Von den ersten Anfängen bis zum heutigen Stand haben die rumänischen Geologen einen bedeutenden Beitrag zur Entwicklung der rumänischen Erdölindustrie geleistet.

Die Pioniere der rumänischen Geologie, GRIGORE COBILCESCU und GRIGORE STEFANESCU und ihre Schüler SAVA ATANASIU, I. SIMIONESCU u. a. haben neben geologischen Arbeiten von allgemeinem Charakter bereits in der zweiten Hälfte des XIX. Jahrhunderts zahlreiche Studien über die Erdölvorkommen in unserem Lande angestellt.

Eine systematische Erforschung der Erdölvorkommen begann in Rumänien ungefähr 1890 mit den Arbeiten des großen Geologen LUDWIG MRAZEC, insbesondere aber nach der Gründung des rumänischen Geologischen Instituts (1906), als eine große Zahl von Geologen zur Mitarbeit herangezogen wurde.

Durch die Arbeiten MRAZECs und der übrigen Geologen des geologischen Instituts wurden zahlreiche neue Vorkommen entdeckt und die Wissenschaft der Welt in vielen Fragen der Herkunft und Bildung von Erdölvorkommen um wertvolle Beiträge bereichert.

In der Zeit zwischen den beiden Weltkriegen führten die Verwertung neuer Vorkommen, die Einführung des Rotary-Bohrverfahrens und die Verbesserung der Fördermethoden zu einer wesentlichen Steigerung der Erdölproduktion, die 1936 eine Spitzenleistung erreichte, worauf ein sichtlicher Rückgang — insbesondere während des Krieges — folgte.

Nachdem die Kriegsschäden überwunden waren, wurden unserer Erdölindustrie (ab 1948) neue Bedingungen für eine rasche Entwicklung geschaffen.

Besonderes Gewicht wurde auf die Intensivierung der Schürfbohrungen und geologischen Forschungen zur Ermittlung neuer Erdöllagerstätten gelegt. Diese Arbeiten wurden fast im ganzen Lande in großem Maßstab durchgeführt, und zwar sowohl im Rahmen des geologischen Instituts (seit 1950 geologisches Komitee) als auch im Rahmen der Forschungs- und Schürforganisationen des Ministeriums für Erdöl und Chemie.

Neben Schürfbohrungen und geologischen Forschungen wurden auch umfangreiche geophysikalische Arbeiten durchgeführt.

Das Volumen der Bohrungen stieg unaufhörlich und der Anteil der Schürfbohrungen nahm einen immer wichtigeren Platz ein.

Die Auswertung des bei diesen Schürfbohrungen und Forschungen erarbeiteten reichhaltigen Materials sowie das Anwachsen der Zahl der Geologen führten zur Verbesserung der Arbeitsmethoden.

[1]) Nachrichten der Handelskammer der Rumänischen Volksrepublik Nr. 1, 1958, S. 17–18.

Die Intensivierung der Schürfbohrungen hatte die Entdeckung neuer, außerordentlich reicher Erdölvorkommen in der Moldau zur Folge. Aber auch in der Provinz Oltenien und anderen Teilen des Landes wurden ausgedehnte Erdölgebiete entdeckt, so daß wir heute über viel größere Rohölreserven verfügen als gleich nach dem Kriege. Auf eine Reihe neuer, reicher Erdölschichten stieß man durch Vertiefung alter Erdölsonden, wie z. B. in Boldesti, wo Speichergesteine im Sarmat entdeckt wurden.

Die geologischen Entdeckungen führten zu einer radikalen Änderung der geographischen Verteilung unserer Rohölreserven sowie der Produktion. So ist zum Beispiel die Moldau, die früher nur 10% der gesamten Produktion des Landes lieferte, heute eines der bedeutendsten Erdölgebiete und die Provinz Oltenien, wo es früher überhaupt keine Erdölindustrie gab, steht heute, was Erdölreserven und -produktion anbetrifft, an führender Stelle. Auch in anderen Gebieten, wie in der Donauebene, bestehen günstige Aussichten.

Zur Zeit werden 70% der gesamten Rohölproduktion des Landes aus den neuen Förderstellen oder aus den Tiefenstrukturen der alten Ausbeutestellen gewonnen.

Infolge der geologischen Arbeiten und der Einführung verschiedener neuer, besserer Bohrmethoden (Turbobohrung, Schnellbohrung, breite Verwendung von Rollenmeißeln usw.) und Produktionsmethoden (sekundäre Gewinnung usw.) war es möglich, bereits 1953 den höchsten Produktionsstand der Vorkriegszeit zu erreichen; heute ist dieses Niveau bereits um 30% überschritten. Auf diese Weise wurden die Pseudotheorien vom ‚Gespenst des Versiegens der rumänischen Erdölquellen' und vom ‚unvermeidlichen Rückgang der Produktion' vollkommen widerlegt. Die rumänischen Erdölreserven und die Erdölproduktion sind nicht nur nicht gesunken, sondern weisen ständig größere Mengen auf; sie sichern den Bedarf an Brennstoff und Schmierölen für die Industrie, für die fortschreitende Mechanisierung der Landwirtschaft und für das Transportwesen, wie auch einen beachtlichen Überschuß für den Export. Außerdem ist das Erdöl ein wichtiger Rohstoff für verschiedene alte und besonders für neue Zweige der chemischen Industrie. Besonders zu erwähnen ist die Qualität des rumänischen Rohöls, das die Gewinnung hochwertiger Erzeugnisse ermöglicht, da dieses Rohöl frei ist von schädlichen Verunreinigungen (Schwefel usw.).

Infolge der dauernden Steigerung der Erdölproduktion und der allgemeinen Entwicklung der Industrie ist auch die petrochemische Industrie in raschem Aufblühen begriffen und, ermöglicht durch die Herstellung von Kunstgummi, Plastmassen, Kunstfasern und anderen Erzeugnissen eine weitgehende Verwertung des Rohöls.

Die Erdölspezialisten, Chemiker, Geologen und andere Fachleute Rumäniens sind stolz darauf, daß sie zur Entwicklung der Erdölindustrie ihres Landes beitragen und dieser

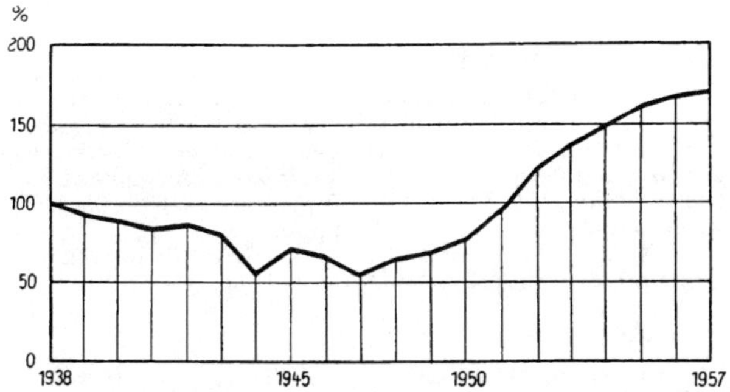

Erdölförderung Rumäniens 1938—1957 (1938 = 100)

Industrie besonders günstige, vielverheißende Perspektiven schaffen können."

Der Stellvertretende Minister der Erdöl- und chemischen Industrie, NICOLAE IONESCU[2]), teilt mit, daß die erste Rohölproduktion von 275 t in Rumänien bereits im Jahre 1857 erzielt wurde, und daß Bukarest die erste Stadt der Welt war, die im gleichen Jahr Petroleum zu Beleuchtungszwecken benutzte.

Über die Kaderausbildung stellt er fest: „Die auf dem Gebiet der Rohölgewinnung und -verarbeitung erzielten Erfolge sind im hohen Maße dem Umstand zu verdanken, daß unser Staat der Heranbildung der nötigen technischen Kader für unsere Erdölindustrie große Aufmerksamkeit schenkte. Die am Arbeitsplatz eingerichteten Berufslehrgänge wurden von 40000 Arbeitern absolviert. Über 1900 Erdölarbeiter haben Spezialschulen für Meister, Normatoren, Planer usw. besucht. Für die Heranbildung der höheren technischen Kader wurde in Bukarest eine Hochschule für Erdöl und Gase gegründet, die bis heute bereits 1000 Ingenieure ausgebildet hat. Auch 5 technische Mittelschulen wurden gegründet, die bisher über 700 Schüler absolviert haben. Des weiteren wurden 2 Forschungsinstitute ins Leben gerufen, eines für Bohranlagen und Förderung und ein anderes für Erdölverarbeitung, ferner ein Zentrallaboratorium für die Rohölverarbeitung, zwei Projektierungsinstitute, und zwar das eine für die Erdölförderung, das andere für die Raffination usw."

Es konnten daher eine ganze Anzahl rumänischer Erdölfachleute in die Volksrepublik Albanien, nach China, Korea und Indien entsandt werden. Diesen Ländern wurden nicht nur Erdölgewinnungsausrüstungen geliefert, sondern ihnen auch bei der Förderung und Verarbeitung sowie bei den geologischen Erkundungsarbeiten technische Hilfe geleistet.

Die Gründung einer Industrie zur Erzeugung von Erdölausrüstungen in Rumänien begann jedoch erst mit der Nationalisierung der Erdölindustrie. Vier große Werke der eisenverarbeitenden Industrie wurden — außer den Eisenhütten und Rohrwalzwerken, die hierfür Halbfabrikate lieferten — ausschließlich zur Herstellung von Erdölausrüstungen bestimmt und speziell hierfür ausgestattet. Des weiteren wurden Projektierungs- und Forschungsinstitute für Erdölbohr- und -fördereinrichtungen sowie für Erdölraffinierien neu geschaffen.

Die Rumänische Volksrepublik ist so zu einem Exportland von Erdölausrüstungen geworden.

Im Verlaufe von nur vier Jahren wurden 112 vollständige Bohranlagen für Bohrtiefen zwischen 1200 m und 3200 m in die Deutsche Demokratische Republik, nach Ungarn, Bulgarien, Albanien, China, Korea und Indien geliefert. Rumänische Techniker montierten die Anlagen und unterwiesen in China, Korea, Ungarn und Indien das einheimische Personal in ihrer Bedienung.

Nach jedem Lande, in jedes Gebiet können rumänische Bohranlagen mit vollständigem Zubehör geliefert werden. Auch das nötige technische Personal kann zu ihrer Montage zur Verfügung gestellt werden.

[2]) 100 Jahre Rohölverarbeitung in Rumänien a. a. O., S. 3–6.

Ägyptisches Erdöl

Eine neue Erdölsonde, die bei Abu Redeis auf der Halbinsel Sinai erbohrt wurde, wird eine Jahresproduktion von 300000 t ergeben. Es ist die dritte fündige Bohrung in diesem Gebiet. Die Vorräte der neuen Lagerstätte werden auf ca. 100 Mio t geschätzt.

Die General Petroleum Authority teilte mit, daß am 1. Mai 500000 t ägyptisches Rohöl für den Export angeboten werden sollten. Das Öl kommt von den Ölfeldern der Halbinsel Sinai und wird innerhalb von 6 Monaten in Raten von nahezu 80000 t pro Monat geliefert. Der Verladehafen ist Feiran am Golf von Suez.

An der ägyptischen Küste des Roten Meeres begannen die ersten Bohrversuche einer ägyptischen Ölgesellschaft der „General Petroleum Company". Die Bohrungen werden mit Geräten ausgeführt, die von der Sowjetunion geliefert wurden.
E.

Steinkohlenförderung 1957

Wie dem Wirtschaftsdienst Montan vom 31. 12. 57 zu entnehmen ist, „ging die Kohlenförderung der Montanunion im Jahre 1957 um 1 Mill. t oder um 0,4% auf 248 Mill. t zurück. Die USA steigerten dagegen die Förderung um 10,4% auf 530 Mill. t, die UdSSR um 8,5% auf 330 Mill. t und Großbritannien um 0,9% auf 228 Mill. t. In der Fünfjahresperiode 1952 bis 1957 hat die UdSSR mit 43,5% den bedeutendsten Fortschritt zu verzeichnen vor den USA mit 16% und der Montanunion mit 3,8%.

Kohle	1952	1956 (in Mill. t)	1957	1957/56	1957/52 (Prozent)
Montanunion	239	249	248	−0,4	+3,8
Großbritannien	230	226	228	+0,9	−0,9
USA	457	480	530	+10,4	+16,0
UdSSR	230	304	330	+8,5	+43,5"

Die USA hatten in den letzten 2 Jahren einen Zuwachs von 107 Mill. t Steinkohle zu verzeichnen. In China konnte das Ziel des 1. Fünfjahrplanes mit 113 Mill. t erreicht werden.

Förderung aus polnischen Steinkohlenflözen

Der „Montan-Rundschau", Wien Heft 2, Febr. 1958, entnehmen wir über die Förderung aus Flözen des polnischen Steinkohlenbergbaus:

„Aus Flözen mit über 3,5 m Mächtigkeit stammen 25,8% der Förderung, aus 1,5 bis 3,5 m mächtigen Flözen 41,6% und aus Flözen unter 1,5 m 32,6% der gesamten Förderung. Da die Lagerung meist flach ist, entfallen 87,8% der Förderung auf Flöze mit unter 25° Einfallen, 10,1% auf 25 bis 40° und 2,1% auf über 40° geneigte Flöze.

Die Elektrifizierung der Gruben soll bis 1960 auf 80% gebracht werden, 40% der Baue sollen mit Spülversatz verschlämmt werden.

Von der geförderten Kohle werden derzeit 90,7% klassiert (gesiebt) und 26,8% außerdem gewaschen. Der Bergeanteil stieg von 8,6% (1954) auf 11% im Jahre 1957.

Auf 1000 t täglich geförderter Kohle entfielen vor dem Krieg 4 bis 12 km Strecken und heute 50 bis 60 km, was meist auf den Übergang von Feldwärts- auf Heimwärtsbau zurückzuführen ist."

Braunkohlenförderung in Westdeutschland

Über die westdeutsche Braunkohlenförderung und Brikettherstellung im Jahre 1957 wurden vom Deutschen Braunkohlen-Industrie-Verein folgende vorläufige Einzelangaben genannt (in Mio t):

	1956	1957
Rohbraunkohle	95,235	96,829
davon: Rheinland	82,128	83,387
Helmstedt	6,717	6,657
Hessen und Bayern	6,390	6,785

Mangan/Brasilien

Die brasilianische Ausfuhr von Manganerzen betrug im Jahre 1957 798000 t im Werte von 2,06 Mrd. Cruz. (rd. 38 Mill. US-$). Im Vergleich zu den Ergebnissen des Jahres 1956 bedeutet dies mengenmäßig eine Erhöhung auf das Dreifache und wertmäßig auf nahezu das Fünffache. Im Vergleich zu der gesamten Manganausfuhr in den 9 Jahren von 1948 bis 1956 betrug die Ausfuhr des Jahres 1957 allein mengenmäßig 36%, wertmäßig 158% in Cruzeiros und 103% in $. In der Gesamtausfuhr Brasiliens ist der Anteil der Manganerze von 0,6% des Dollarwertes im Jahre 1956 auf 10,7% im Jahre 1957 gestiegen. Die Ausfuhr an Mangan belief sich 1956 auf 24% und 1957 auf 78% des Dollarwertes der Gesamtausfuhr an Eisenerzen.

Eisenerzgewinnung der Welt (Fe-Inhalt in Mio t[1])

Land	Fe-Inhalt in Mio t	
	1938	1956
Welt	75,0	191,4
davon wichtigste Länder:		
Europa:		
Westdeutschland	3,1	4,5
DDR	–	0,6
Belgien	–	0,1
Frankreich	11,6	18,5
Großbritannien	3,6	5,0
Italien	–	0,9
Luxemburg	1,5	2,3
Norwegen	1,0	1,2
Österreich	0,9	1,0
Polen	–	0,6
Schweden	8,4	11,5
Spanien	1,2	2,0
Tschechoslowakei	–	0,9
UdSSR	14,6	39,6
Afrika:		
Südafrikanische Union	0,3	1,3
Nordamerika:		
Kanada	0,9	10,3
USA	14,5	59,0
Südamerika:		
Brasilien	0,3	2,0
Venezuela	–	6,8
Asien:		
China	–	6,0
Indien	–	2,5
Malaya	1,0	1,5
Australien:		
Australischer Bund	1,5	2,4

[1]) Angaben für sozialistische Staaten beruhen zum Teil auf Schätzungen. Nach „Wirtschaftsbericht" der Vereinsbank in Hamburg, Nr. 46, Dezember 1957.

Die Aluminiumproduktion der Welt

Das US-Bergbaubüro hat folgende Schätzung der Weltaluminiumproduktion für 1957 (in short tons) gegenüber 1956 herausgegeben. Wie aus der Aufstellung ersichtlich ist, sind die Schätzungen der volksdemokratischen Länder im Durchschnitt zu niedrig gehalten. Trotz ihrer Unvollständigkeit gibt aber diese Aufstellung doch eine gute Übersicht über die z. Z. bestehenden Schwerpunkte der Aluminiumindustrie:

	1956	1957
Australien	10 240	10 420
Österreich	65 447	83 800
Brasilien	6 799	7 000
Kanada	614 721	557 000
China (Mandschurei) b	11 000	11 000
ČSR	23 400	23 000
Frankreich	165 082	175 100
Franz. Kamerun	–	8 000
DDR	37 800	38 000
Westdeutschland	162 439	172 200
Ungarn	38 374	38 000
Indien	7 281	7 200
Italien	69 896	74 000
Japan	72 749	62 900
VR Korea b	c	c
Norwegen	102 184	102 730
Polen b	16 500	16 000
Rumänien b	6 600	6 000
Spanien	14 935	16 340
Schweden (einschließlich Legierungen)	13 734	16 600
Schweiz	35 274	35 000
Taiwan	9 655	8 760
Sowjetunion b	500 000	550 000
Großbritannien	30 892	29 630
USA	1 678 954	1 647 714
Jugoslawien	16 162	18 940

b – Schätzungen
c – unbedeutende Mengen

Chrom/Westdeutschland

Die westdeutschen Chromimporte fielen, laut offiziellen Statistiken, im vergangenen Jahr auf ca. 176 500 t gegenüber 221 930 t 1956. Die Hauptlieferanten waren in t (Zahlen für 1956 in Klammern): Türkei 68 678 (78 304), Südafrika 64 087 (49 999), Iran 17 478 (12 300), Jugoslawien 7694 (26 926), Griechenland 4411 (11 782), Philippinen 4091 (51), Cypern 3735 (4528), Rhodesien und Njassaland 3040 (8164), Sowjetunion — (22 222).

Quecksilber/Italien

Italien exportierte im Jahre 1957 992,4 t Quecksilber, laut Veröffentlichungen des Zentralinstituts für Statistik. Die Hauptabsatzmärkte waren (in t): Österreich 34,8, Brasilien 139,7, die USA 143,1, Frankreich 150,4, Westdeutschland 204,2, Großbritanien 112,1, Japan 92,4 und Indien 16,8.

Neue Arbeitsunterlagen für geologische Übersichtskarten

Nach dem Ende des Zweiten Weltkrieges haben die sozialistischen Staaten die geodätischen und die kartographischen Belange ihrer amtlichen Kartographie auf eine neue Grundlage gestellt. Das Wesentliche daran ist das KRASSOWSKI-Ellipsoid als Referenzellipsoid, die grundsätzliche und ausschließliche Anwendung der winkeltreuen Querzylinder-Projektion nach GAUSS für alle topographischen Karten bis zum Maßstab 1 : 500 000 und die Nomenklatur der Karten durch konsequente Unterteilung des Blattes der Weltkarte 1 : 1 Mio mit den Dimensionen 6° in der geographischen Länge und 4° in der geographischen Breite. Zählung der geographischen Länge vom Meridian von Greenwich, der geographischen Breite vom Äquator.

Der Leiter der Verwaltung Vermessungs- und Kartenwesen im MdI, Kollege M. PATEISAT, schreibt im Heft 1 der „Vermessungstechnik" 6. Jahrgang, Januar 1958, u. a.: „Es kommt darauf an, daß sich alle Zweige der Volkswirtschaft planmäßig auf die Systematik der neuen topographischen Karten und auf die neuen geodätischen Grundlagen umstellen." Geologen haben einen starken Verbrauch an topographischen Karten; auch sie müssen sich von der zitierten Bemerkung angesprochen fühlen.

Die Staatliche Geologische Kommission hat für den Raum der Deutschen Demokratischen Republik als Arbeitsunterlage für die mannigfaltigsten Zwecke in der Form von stummen Karten zwei Karten für den Dienstgebrauch herausgebracht:

Eine Karte 1 : 500 000 in fünf Blättern und
eine Karte 1 : 1 Million in einem Blatt.

Sie eignen sich für die großräumige Darstellung aller geologischen, lithologischen, geophysikalischen und sonstigen Gegebenheiten.

In der Karte 1 : 500 000 nimmt das Gebiet der DDR mehr oder minder große Flächen auf den Blättern M 32 B, M 33 A, N 32 D, N 33 A und N 33 C ein. Für jedes dieser Blätter wurden der Kartenrahmen, das Gradnetz und die Blattecken der geologischen Spezialkarten 1 : 25 000 (Meßtischblätter) (6′ geogr. Breite, 10′ geogr. Länge) nach Koordinaten aufgetragen. In dem Maßstab werden die Blätter der Spezialkarte 1 : 25 000 durch Rechtecke mit den ungefähren Seitenlängen 21 × 22 mm abgebildet. Die Blattecken sind in den Karten durch feine Kreuze gegeben. In Anhalt an das enge Netz dieser Paßpunkte kann aus den Spezialkarten jede beliebige geologische Situation geodätisch-kartographisch richtig und ohne merkbare Verzerrung dargestellt werden. Der Karte 1 : 1 Mio liegt ebenfalls die winkeltreue Querzylinder-Projektion nach GAUSS zu Grunde. Sie enthält für die sichere Eintragung der geologischen Einzelheiten ebenfalls die Blattecken der Spezialkarten 1 : 25 000. Im Schnitt der Weltkarte 1 : 1 Million wird das Gebiet der DDR durch den 12. Meridian östl. Greenwich auf zwei Meridianstreifen (Mittelmeridian 9° und Mittelmeridian 15°) verteilt; es wären also auch hier fünf Kartenblätter entstanden. Wegen der bei dem kleinen Maßstab damit verbundenen Unbequemlichkeiten beim praktischen Gebrauch ist als Bezugsachse (Mittelmeridian) der Meridian 12°30′ östl. Greenwich gewählt worden, so daß das ganze Gebiet der DDR auf einem Blatt dargestellt werden konnte. Die Karte soll vor allem bei der Herstellung des „Geologischen Atlas der DDR" als Grundlage genommen werden. Die Karten werden in den Farben grau, blau und schwarz gedruckt. MIE.

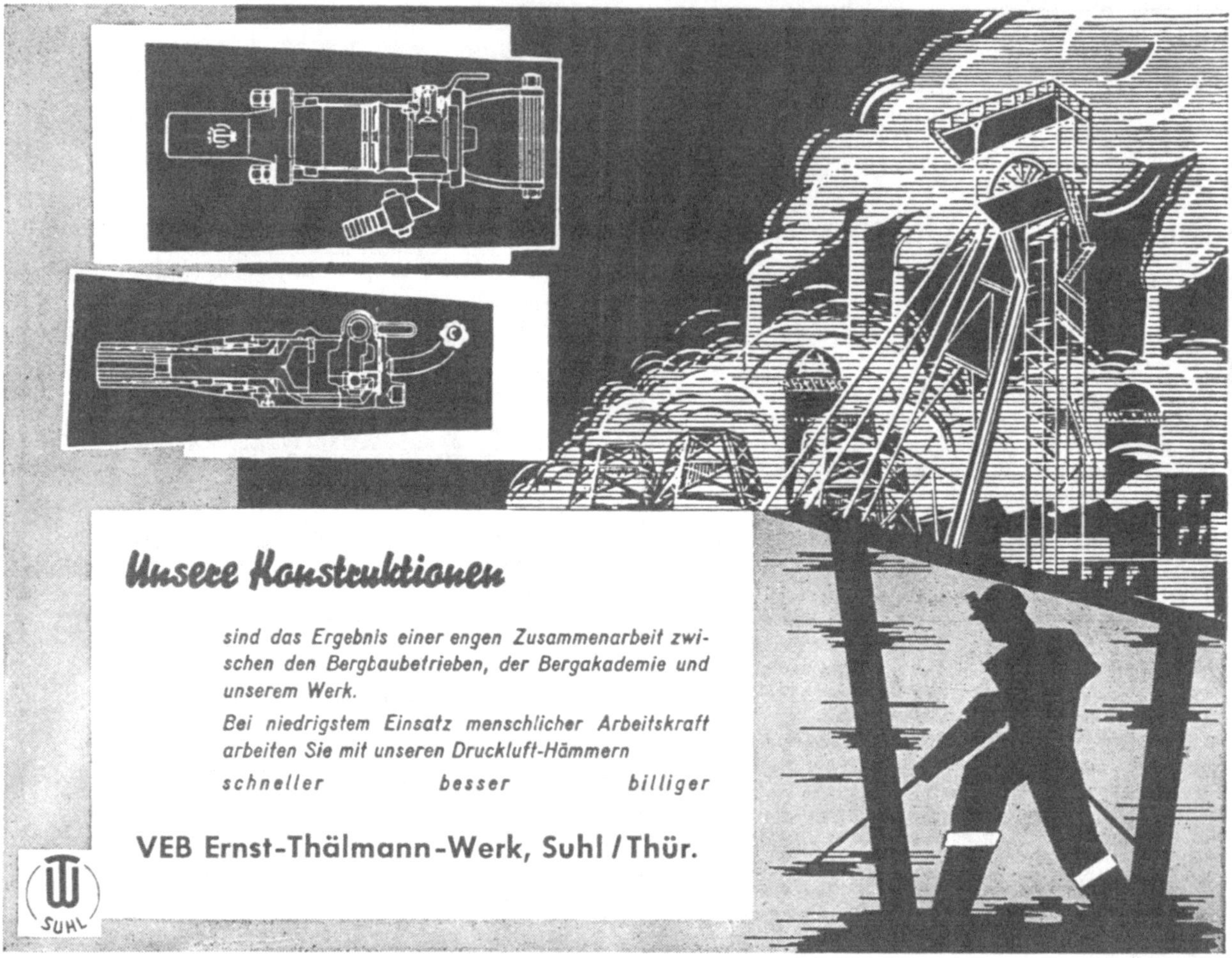
Unsere Konstruktionen
sind das Ergebnis einer engen Zusammenarbeit zwischen den Bergbaubetrieben, der Bergakademie und unserem Werk.
Bei niedrigstem Einsatz menschlicher Arbeitskraft arbeiten Sie mit unseren Druckluft-Hämmern
schneller besser billiger
VEB Ernst-Thälmann-Werk, Suhl / Thür.
SUHL

FSC
www.fsc.org
MIX
Papier | Fördert gute Waldnutzung
FSC® C083411

Zeitfracht Medien GmbH
Ferdinand-Jühlke-Straße 7
99095 Erfurt, Deutschland
produktsicherheit@kolibri360.de